国家自然科学基金面上项目(No. 51374093)

薄基岩突水威胁煤层
动力学特征及控制因素

Dynamic Characteristics and Control Factors of
Thin Bedrock Coal Seam with Threat of Water Inrush

李振华　著

U0322119

科学出版社
北　京

内 容 简 介

本书以焦作煤业集团赵固一矿为工程背景,采用现场观测、室内试验、数值模拟和理论分析相结合的研究方法,运用材料力学、弹性力学、损伤力学、分形理论和人工智能等理论,较全面地研究了采动影响下厚松散层薄基岩突水威胁煤层动力学特征及控制因素,主要包括顶板的破坏特征和机理、覆岩破坏裂隙演化特征、不同基岩条件下煤层矿压显现规律、覆岩破坏高度和底板破坏深度,建立了覆岩裂隙演化特征的分形损伤模型、覆岩破坏高度和底板破坏深度的预测模型。研究成果在赵固一矿薄基岩突水威胁煤层条件下进行了应用,取得了显著的经济效益。本书对指导现场安全生产及类似工程实践,具有十分重要的理论意义和工程实用价值。

本书可供采矿工程、安全工程、地质工程等专业和从事相关课题研究的科研人员、现场工程技术人员和高等院校师生参考使用。

图书在版编目(CIP)数据

薄基岩突水威胁煤层动力学特征及控制因素 = Dynamic Characteristics and Control Factors of Thin Bedrock Coal Seam with Threat of Water Inrush/李振华著. —北京:科学出版社,2016.3
  ISBN 978-7-03-047634-0

Ⅰ.①薄… Ⅱ.①李… Ⅲ.①薄煤层-矿井突水 Ⅳ.①TD823.25

中国版本图书馆 CIP 数据核字(2016)第 047223 号

责任编辑:李 雪 / 责任校对:胡小洁
责任印制:徐晓晨 / 封面设计:无极书装

科 学 出 版 社 出版
北京东黄城根北街 16 号
邮政编码:100717
http://www.sciencep.com

北京科印技术咨询服务公司 印刷
科学出版社发行 各地新华书店经销
*
2016 年 3 月第 一 版 开本:720×1000 B5
2017 年 7 月第二次印刷 印张:12 3/4
字数:257 000
定价:88.00 元
(如有印装质量问题,我社负责调换)

前　言

　　煤炭是我国主要的能源和重要的工业原料。富煤、贫油、少气的能源资源赋存特点，决定了煤炭在我国能源供应中具有重要的地位。在我国能源生产和消费结构中，煤炭占总能耗的 70% 左右，煤炭工业在国民经济发展中占有举足轻重的地位，并且煤炭作为我国主要能源的现状短时间不会发生改变。在我国，薄基岩、厚松散层地质条件的煤层储量非常丰富，例如神东矿区，是典型的薄基岩、厚松散层的煤层，储量达亿吨，占全国探明储量的 1/3，此外，潞安、永城、两淮、济宁和焦作等矿区也都存在这种特殊地质条件的煤层。我国东部地区是经济发达地区，能源需求量大，冲积层较薄的煤炭资源已开发殆尽，开发东部地区（山东、安徽、河南、河北等省）400～600m 特厚松散层薄基岩所覆盖的煤炭资源能够有效缓解东部地区煤炭供应紧张的不合理局面，对改善铁路运输和国民经济运行态势具有积极作用。

　　河南省焦作煤田是我国著名的优质无烟煤产地，赋存丰富的华北型石炭、二叠系煤层，对河南省的经济发展起到重要的推动作用。近年来，随着一批老矿井的相继报废，焦作煤业（集团）有限责任公司煤炭生产能力逐年下降，为了解决后备资源严重不足的问题，于 2003 年 6 月依法从河南省煤田地质局取得了赵固矿区的探矿权转让手续，并依据资源分布和建井规划布局，将原赵固矿区以 F17 为界，分为赵固一矿和赵固二矿。赵固矿区位于新乡、焦作两市交界地带，煤田划分属焦作煤田。煤层上覆松散层厚度大、富水性强、基岩薄、承压水压力大、底板隔水层薄是本井田的突出特点。赵固一矿煤层埋深大、上覆基岩薄、围岩破碎且矿压显现剧烈，加之矿井受顶板水和底板高压水两种水害威胁，影响东一盘区的工作面布置，困扰矿井安全生产。因此，开展大埋深、高应力、薄基岩煤层突水威胁条件下围岩破坏机理研究，对于降低浅部煤岩柱高度，最大限度回收煤炭资源，预防顶底板突水事故发生，实现安全高效生产，意义重大。

　　本书采用现场观测、室内试验、数值模拟和理论分析相结合的研究方法，运用材料力学、弹性力学、损伤力学、分形理论和人工智能等理论，较全面地研究了采动影响下厚松散层薄基岩突水威胁煤层动力学特征及控制因素，并将研究成果在赵固一矿进行了应用与实践，取得了很好的效果。本书共分为 9 章：第 1 章为绪论，介绍本书的研究意义及主要内容；第 2 章为矿井水文工程地质环境分析与评价，重点进行了煤层顶底板岩石力学性质实验，分析了覆岩结构对采煤的影响；第 3 章为薄基岩煤层开采工作面矿压显现规律，从室内相似模拟试验和现场测试两个方面研究了工作面矿压显现规律；第 4 章为薄基岩煤层覆岩破坏裂隙演化特征，利用分形几何的知识研究了覆岩采动裂隙网络演化特征，建立了覆岩破坏损伤的分形模型；第5章为厚松散层不同厚度基岩煤层围岩运动规律，利用数值模拟研究了不同厚度基岩煤层围岩的运动规律；第6章为薄基岩煤层覆岩破坏高度，从理论分析、现场实测和室内试验等方面预测了覆岩的破坏高度；第7章为突水威胁工作面底板破坏深度，从现场观测、室内试验和理论分析等方面预测了煤层底板破坏深度；第8章顶底板防治水技术措施，提出了顶板防水（防溃砂）技术措施和底板注浆加固方案；第9章为结论与展望，总结了本书的研究结论，并提出了展望。

在本书的撰写过程中，先后得到了中国矿业大学（北京）和河南能化集团焦煤公司赵固一矿等单位的大力支持和热情帮助，华北科技学院李见波老师参与了室内试验和现场测试工作，书中引用了部分专家、学者的研究成果，在此一并表示诚挚的谢意。

由于作者水平有限，难免有不足之处，敬请读者批评指正。

作　者

2016 年 2 月于焦作

目　　录

第1章 绪 论

矿业工程作为一门科学技术,研究的对象是岩层和矿床,目前对于岩层和矿床的描述,仍是一个在质与量方面都不甚清楚的模糊体。矿业科学所涉及的内容、研究对象均为破碎与稳定的矛盾体,要在理论上彻底解决这一问题,还需很长的路要走。此外,矿业工程作业空间有限,工作场所及围岩动态变化,水、火、瓦斯等灾害并存,构成了复杂变幻的生产环境。所有这些问题的解决有待矿业科学技术专家艰苦的探索[1]。

1.1 问题的提出及研究意义

煤炭作为一次性能源,在我国能源构成比例中占 70% 以上,其主要地位在以后 50 年内将不会发生变化。2012 年我国的煤炭产量为 3.66Gt,居世界第一位。在《中国可持续能源发展战略》研究报告中,20 多位中国科学院院士和中国工程院院士一致认为,今后煤炭在一次性能源生产和消费中将占 60% 左右;到 2050 年,煤炭所占比例不会低于 50%。可以预见,在未来几十年内煤炭仍将是我国的主要能源和重要的战略物资,具有不可替代性。煤炭工业在国民经济中的基础地位,将是长期和稳固的。

根据煤层上覆岩层厚度将基岩分为厚基岩、薄基岩和超薄基岩。考虑到导水裂隙带的发育规律和实际煤层厚度关系,并根据对薄基岩矿区煤层及基岩层厚度的统计结果(表 1-1)分析,将煤层厚度超过 4m、上覆岩层厚度小于 40m 的基岩层

表 1-1 薄基岩矿区煤层及基岩厚度统计表

煤矿名称	开采煤层	煤层厚度/m	煤层倾角/(°)	基岩厚度/m
大柳塔煤矿	二	3.8	3	40.3
陈四楼煤矿	二	2.55	5~10	10~46
陕西南梁煤矿	二	2.05	1~2	32
补连塔煤矿	二	5.3	0~3	60
宝山煤矿	六	6	1~3	20.5
司马煤矿	三	6.6	0~20	20
兖州杨村矿	三	7.8	2~7	18.45

定义为薄基岩,并将煤层上覆岩层厚度小于垮落带与裂隙带高度之和的基岩称为薄基岩,将上覆岩层厚度小于垮落带高度的基岩称为超薄基岩。

我国东部地区是经济发达地区,能源需求量大,冲积层较薄的煤炭资源已开发殆尽,开发东部地区(山东、安徽、河南、河北等省)400～600m 特厚松散层所覆盖的煤炭资源能够有效缓解东部地区煤炭供应紧张的不合理局面,对改善铁路运输和国民经济运行态势具有积极作用。河南省焦作煤田是我国著名的优质无烟煤产地,赋存丰富的华北型石炭、二叠系煤层,对河南省的经济发展起到重要的推动作用。近年来,随着一批老矿井的相继报废,焦作煤业(集团)有限责任公司煤炭生产能力逐年下降,为了解决后备资源严重不足的问题,于 2003 年 6 月依法从河南省煤田地质局取得了赵固矿区的探矿权转让手续,并依据资源分布和建井规划布局,将原赵固矿区以 F_{17} 为界,分为赵固一井田和赵固二井田。赵固矿区位于新乡、焦作两市交界地带,煤田划分属焦作煤田。煤层上覆松散层厚度大、富水性强、基岩薄、承压水压力大、底板隔水层薄是本井田的突出特点。煤层埋深大、上覆基岩薄、围岩破碎且矿压显现剧烈,加之矿井受顶板水和底板高压水两种水害威胁,影响东一盘区的工作面布置,困扰矿井安全生产。因此开展大埋深、高应力、薄基岩突水威胁条件下围岩破坏机理研究,对于降低浅部煤岩柱高度,最大限度回收煤炭资源,预防顶底板突水事故发生,实现安全高效生产,意义重大。

1.2　国内外研究现状

1.2.1　采场覆岩控制理论研究现状

自煤矿采用长壁开采技术以来,采场覆岩控制一直是采矿学科研究的核心问题之一。纵观覆岩控制理论的发展过程,大致可以将覆岩控制理论的发展分为三个阶段:20 世纪 60 年代以前,采场覆岩控制理论的认识和初步研究阶段,该阶段也是覆岩控制理论的假说阶段;20 世纪 60～90 年代,采场覆岩控制理论的发展阶段,这一阶段是覆岩控制理论发展的重要时期,产生了影响采矿领域的重大理论;20 世纪 90 年代以后,采场覆岩控制的现代发展阶段,该阶段综放技术的发展和开采条件的复杂化推动了覆岩控制理论的进一步发展。比较有代表性的理论包括以下几个方面。

1. 压力拱假说

1928 年德国 Hack 和 Gillitzer 提出了压力拱假说[2],该假说认为煤层开采后工作面上方的岩层在自然平衡作用下形成一个拱形的结构,即压力拱,拱的两个脚分别是工作面前方的煤体和工作面后方的矸石或者采空区的充填体(A、B),如

图1-1所示。压力拱随着工作面的向前推进也随之向前移动,工作面始终位于应力降低区,而两个拱脚始终为应力增高区(S_1、S_2),在前后拱的拱角之间顶板或底板中都形成一个减压区(L_1),因此工作面的支架只承担压力拱内(C)岩层的重量。该假说解释了两个重要的矿压现象:一个是煤壁和采空区矸石或充填物承担控顶上方的岩层重量,因此上方将形成较大的支撑压力;二是支架由于只承受上覆岩层的部分重量,因此支撑压力是有限的。由于该假说无法定量地揭示矿压现象,只能对一些简单的矿山压力显现现象进行解释,而对于周期来压等重要的矿压现象无法解释,实践性较差,因此很少应用。

　2. 铰接岩块假说

　　1954年苏联学者库兹涅佐夫在大量的实验室试验基础上提出了铰接岩块假说,该假说最大的突破点在于可以定量地解释矿压现象。该假说将工作面上方破坏后的上覆岩层分为垮落带和移动带,其中垮落带分为上下两部分,下部杂乱无章,上部规则排列,但在水平方向无挤压力;移动带岩块之间互相铰接,并随着垮落带的下沉规则下沉,如图1-2所示。另外该假说给出了支架和围岩之间的相互作用关系,工作面需要控制的顶板由垮落带和上方的铰接移动带组成,垮落带的作用由支架全部承担,给予支架的是给定载荷。铰接的移动带岩块在水平推力作用下,与支架之间构成给定变形的关系,移动带岩块之间的关系属于铰接的三铰拱式平衡。该假说重大突破点在于首次提出了直接顶厚度的计算公式,揭示了支架载荷和顶板下沉量与顶板运动之间的关系,这一成果为矿压理论的进一步发展奠定了基础。该假说的局限点在于未能对铰接拱的平衡条件做进一步探讨,也未全面揭示支架与岩梁运动之间的关系。

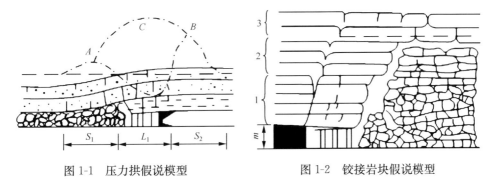

图1-1　压力拱假说模型　　　　　　图1-2　铰接岩块假说模型

　　此外,比较有代表性的假说还有1907年俄罗斯学者普罗托基亚科诺夫提出的普氏平衡拱假说、1916年德国学者施托克提出的悬臂梁假说、1947年比利时学者拉巴斯提出的预生裂隙梁假说。这些假说从不同的角度分析了采场围岩活动规律,在一定程度上从上覆岩层可能形成的结构出发研究了矿山压力,尽管存在一些缺点,但对后来进一步研究上覆岩层结构具有重要的意义。

3. 砌体梁理论

自 20 世纪 60 年代开始对上覆岩层破坏结构形态的研究工作,钱鸣高院士在阳泉、大屯孔庄、开滦等矿岩层移动实测的基础上,结合铰接岩块假说和预生裂隙假说,提出了开采后上覆岩层呈"砌体梁"式平衡的结构力学模型[3-11],该模型研究了裂隙带形成结构的可能性以及结构的平衡条件。该理论认为上覆岩层的结构是由若干层坚硬岩石组成,每个岩层组合中的软岩可以视为坚硬岩层的载荷,当坚硬岩层发生断裂后,岩块在水平推力作用下形成铰接结构,图 1-3 所示。

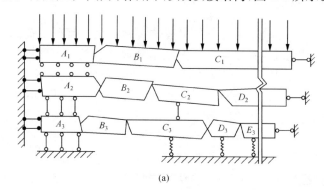

(a)

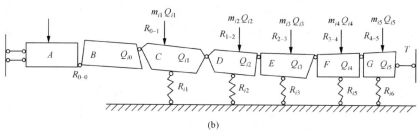

(b)

图 1-3　采场上覆岩层中的"砌体梁"力学模型

T 为结构的水平推力;Q 为载荷;R 为块间铰接力及支撑力;m 为载荷系数;i 为任意承载层号;
A、B、$\cdots$、G 为铰接岩块

砌体梁具有滑落和回转两种失稳形式(S-R 为稳定条件),其滑落稳定条件(S 条件)为[12,13]

$$h + h_1 \leqslant \frac{\sigma_c}{30\rho g}\left(\tan\varphi + \frac{3}{4}\sin\theta_1\right)^2 \tag{1-1}$$

回转变形稳定条件(R 条件)为

$$h + h_1 \leqslant \frac{0.15\sigma_c}{\rho g}\left(i^2 - \frac{3}{2}i\sin\theta_1 + \frac{1}{2}\sin\theta_1^2\right) \tag{1-2}$$

式中,h 为承载层厚度,m;h_1 为载荷层厚度,m;σ_c 为岩体抗拉强度,MPa;φ 为岩块间的摩擦角,(°);ρ 为岩石密度,kg/m³;g 为重力加速度,m/s²;θ_1 为断裂面与垂直面的夹角,(°)。

该理论给出了采场上覆岩层发生断裂后形成平衡结构的条件和支架—围岩之间的关系,以及采场上部的具体条件,为论证各项围岩控制参数奠定了基础。由于该理论建立在覆岩为坚硬岩层的基础上,因此更适合应用于坚硬顶板条件下的采场。

4. 传递岩梁理论

20 世纪 80 年代,宋振骐院士等在大量现场观测的基础上提出了传递岩梁理论,该理论以岩层运动为中心,包含预测预报、控制设计和控制效果判断三位一体的实用矿压理论[14-19]。该理论认为,基本顶对支架的作用主要取决于支架对岩梁的作用,存在给定变形和限定变形两种工作方式,给出支架围岩作用的位态方程,并且认为工作面前方以基本顶的断裂线为界分为内、外两个应力场,这一点对于确定巷道的合理位置以及设计顶板控制参数具有重要作用,如图 1-4 所示。该理论揭示了岩层运动与支承压力之间的关系,建立了系统的矿山压力预测预报理论和技术,提出了系统的顶板控制设计理论和技术。

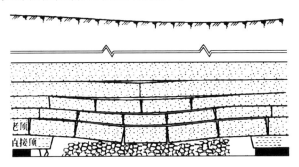

图 1-4 采场上覆岩层中传递岩梁结构模型

5. 岩板及弹性基础梁(板)理论

随着采场矿山压力的发展,基于弹性薄板理论和弹性基础梁(板)理论,一些学者对基本顶来压预报的发展进行了研究,取得了一些成果。钱鸣高和赵国景建立了岩层断裂前后的弹性基础梁模型和基于 Winkler 弹性理论的不同支撑条件下 Kirchhoff 板力学模型[20]。姜福兴采用厚板力学的方法,研究了坚硬顶板采场薄板力学解的可行区域作出了实用的工程判断图,并导出了四种边界条件板的厚化系数表达式[21]。贾喜荣等将基本顶岩层简化为四周为各种边界条件的薄板,建立了采场薄板矿压理论,对建立该理论的基本思想、理论依据和成果进行了阐述,并将该理论应用于生产实际[22-25]。刘广责、翟所业、林海飞等将薄板理论应用于对采场顶板关键层的判别,取得了较好的效果[26-28]。陈忠辉等针对长壁工作面顶板垮落特征,将顶板划分为若干个相互铰接的薄板,建立了薄板组力学模型,给出几种支承条件下薄板的应力分布和变形特征,所得结论在工程上得到了较好的应用[29,30]。华心祝采用薄板理论研究了走向长壁、仰斜开采、俯斜开采三种回采方向的基本顶初次来压步距和周期来压步距[31]。

6. 关键层理论

钱鸣高院士领导的课题组根据多年的研究工作与实践,在 20 世纪 80 年代后期提出了岩层控制的关键层理论[32-39]。该理论认为在采场上覆的多层岩层中存在一层或者多层对岩体活动起主要控制作用的岩层,该岩层即为关键层。关键层判别的依据主要是当其发生断裂时其上部岩层的下沉是否协调一致,当全部岩层下沉一致时,该层称为岩层活动的主关键层;当部分岩层下沉一致时,该层称为岩层活动的亚关键层。换言之,关键层的断裂将直接引起全部上覆岩层或者部分上覆岩层产生整体性运动。在此基础上,缪协兴等提出了复合关键层理论,并对复合关键层的形成条件、判别方法以及对矿压的影响进行了研究[40-42]。徐金海等建立了短壁开采的关键层力学模型,并将其用于指导生产,获得了较好的效果[43]。

关键层理论主要是研究岩层自下而上移动的动态过程及其采场矿压显现,被广泛应用于岩层中节理裂隙的分布、瓦斯抽放问题、突水危险性评价与防治及"三下一上"采煤问题。在瓦斯抽放方面,许家林、钱鸣高建立了卸压瓦斯抽放的"O"形圈理论,该理论已在"两淮"瓦斯抽放中得到试验和应用,取得了较好的效果[44-47]。在突水防治方面,黎良杰首次建立了采场底板突水的关键层力学模型,利用薄板理论对模型失稳条件进行了分析[48],此外还建立了承压水底板关键层失稳的尖点突变模型[49]。在绿色开采技术方面,缪协兴等提出了保水开采隔水关键层的基本概念,并进行了力学分析,成功应用于生产指导[50,51]。在开采沉陷方面,许家林等利用覆岩主关键层对开采沉陷问题进行了研究,研究结果表明覆岩主关键层对地表下沉动态过程起主控作用,覆岩关键层的断裂将会引起地表的急剧下沉和变形[52,53]。

7. 其他理论

北京科技大学姜福兴教授对基本顶的基本结构和采场覆岩空间结构进行了研究[54-62],研究认为基本顶存在类拱、拱梁和梁式三种基本结构,提出了基本顶结构形式的岩石质量指数法,建立了基本顶控制设计的专家系统;基于现场测试结果,将覆岩空间结构分为中间有支撑的"θ"形、中间无支撑的"O"形、"S"形和"C"形四类,并揭示了覆岩空间结构与应力场的动态关系;基于两端底固梁力学模型分析了厚层坚硬顶板的破断规律,提出了厚层坚硬顶板的三种破坏方式。

在放顶煤方面,煤炭科学研究总院开采研究分院闫少宏等利用有限变形力学理论,建立了上位岩层结构面稳定性的定量判别式,分析了放顶煤开采上覆岩层平衡结构向高位转移的原因[63,64]。西安科技大学石平五教授基于拱壳结构力学分析方法,宏观分析了放顶煤上覆岩层拱结构[65]。张顶立提出了构成综放工作面覆岩结构的基本形式包括砌体梁与半拱式两种结构,指出造成综采放顶煤工作面矿压显现复杂化的主要原因是覆岩结构过于复杂和顶煤松软破碎[66]。陆明心等认为放顶煤覆岩结构以大变形梁的形式存在,该结构比分层放顶煤层位更高[67]。赵经彻等对全厚综放、网下综放和分层开采条件下的三带高度和地表沉陷特征以及支承应力分布特征利用内外应力场理论进行了分析和探讨,并建立了相应的计算模型[68]。

此外,其他学者也在采场覆岩结构和运动规律及其矿压理论方面做了大量卓有成效的工作[69-73],进一步完善和推动了岩层控制理论。近年来,随着非线性科学的发展,一些学者尝试将非线性理论应用到矿山压力的研究领域,尤其在矿压的预测方面进行了一些有益的探讨,并取得了一定的成果[74-79]。

1.2.2 采场底板变形破坏理论研究

煤层开采引起底板所受载荷发生变化,造成应力重新分布,底板发生破坏,采矿界对于采动引起的底板破坏的研究相对较少,其理论也远远没有顶板研究那么成熟。目前对于底板的研究往往是在研究承压水上开采时进行的,其研究主要集中在三个方面:一是底板采动过程中应力场和位移场变化规律及底板破坏特征;二是底板岩体变形破坏之后渗流特征及突水预测预报研究;三是底板突水防治技术研究。目前对于底板破坏常用的研究方法主要有实验室相似模拟试验、现场实测和理论分析。

国外主要产煤国家中只有波兰、匈牙利等国家在煤矿开采过程中不同程度的存在底板突水问题[80-90]。由于国外已经有100多年的煤矿开始历史,因此底板变形破坏的研究和底板突水治理也是率先进行的。20世纪40年代,苏联学者斯列萨列夫提出了固定梁的概念,并利用此对底板进行研究,判断底板的强度。鲍莱茨基等学者给出了底板破坏的一些名词和概念,如底板开裂、底臌、底板断裂等。多尔恰尼诺夫等学者则认为底板岩体在高应力作用下容易出现脆性破坏,破坏形式主要是裂隙发生扩展发育直至发生脱落。自20世纪60年代初至80年代末,许多国家的岩石力学工作者开始研究底板的破坏机理。比较有代表性的如匈牙利开展的以保护层为中心的突水理论研究,Santos和Bieniawsk进行的、以改进的Hoek-Brown岩体强度准则和临界能量释放点的概念为基础进行的底板承载能力研究。

自20世纪60年代以来,由于我国煤矿突水事故大幅度上升,越来越多的学者投入到底板突水问题的研究之中,并且对突水机理的研究越来越深入,提出了许多底板破坏理论。

1. "三带"理论

1981 年刘天泉院士通过对采空区底板破坏形态的描述,提出了底板破坏的"三带"概念[91],将采空区底板自上而下分为鼓胀开裂带(8～15m)、微小变形移动带(20～25m)和应力微变带(60～80m)。在此研究基础上,刘天泉等从力学角度出发将底板岩层分为采动导水裂隙带和底板隔水带,并利用弹性力学、库仑-莫尔强度准则和格林菲斯准则求出了底板的最大破坏深度[92-94]。此外,还利用薄板理论计算得出了底板所能承受的极限水压力计算公式[95,96]。

2. "下三带"理论

1998 年,山东矿业学院李白英等学者在现场实测、实验室试验、数值模拟和理论分析的基础上,提出了"下三带"理论[97-100],该理论是将煤层底板自上而下分为底板破坏带、完整岩层带和承压水导高带。底板破坏带是由于采动造成的底板破坏深度,承压水导高带是承压水在水压作用下的渗透高度,完整岩层带是未受采动和承压水作用的岩层。该理论相对刘天泉院士提出的"三带"概念,考虑了承压水在水压力作用下的渗流作用,进一步分析了底板的破坏状态,为更加准确地判断底板突水威胁性提供了理论基础。

3. 矿压破裂理论

破裂构造是导致底板破坏突水的重要因素,据统计,90％以上的突水均发生在岩体的某种破裂面或损伤面附近(如断层、裂隙带、火成岩墙周边等)。而由于采动形成的矿山压力往往是产生新破裂和诱发旧破裂的关键因素。矿压进一步破坏和降低了底板的岩体强度和阻水性能,促使在水压力作用下突水通道的形成。根据井下工作面综合测试资料显示,在一次周期来压步距内,支承压力对底板隔水层的作用具有明显的分带特征。由于采空区的形成使得采空区上覆岩层的压力转移到采空区周围岩柱,从而使采空区周围为压缩区,底板岩层在采空区周边一个环状带内处于受压状态;而在采空区中心部位,由于上悬下压(下部在水压作用下存在一个向上的推力)而处于降压或者减压区,底板岩层处于张拉膨胀状态;在受压区和张拉区之间便形成了一个剪切区,这一区往往是优先遭到破坏的位置,且这一破坏深度一般为 6～14m,同样这一带是最易发生底板突水事故的区域。矿压破裂理论给出了底板易突水区分析,但没有给出预测突水是否发生的判据,影响了其实用性。

4. "岩水应力关系"说

20 世纪 90 年代煤炭科学研究院西安分院提出了"岩水应力关系"说。该学说从物理和应力的概念出发,认为底板突水是岩、水和应力共同作用的结果。在采动影响下,底板在一定深度出现裂隙,底板岩体强度降低,应力场和渗流场重新进行分布,承压水沿着产生的裂隙进一步入侵,裂隙在承压水作用下进一步扩展,但若水平力大于承压水压力,则承压水不能穿过裂隙导致突水,否则,会构成突水事故发生。该学说建立的突水临界表达式为

$$I = P_{\mathrm{w}}/\sigma_2$$

式中,P_{w} 为承压水压力;σ_2 为最小水平主应力。

一旦 $I>1$,底板就会发生突水事故。

5. 原位张裂与零位破坏理论

20 世纪 90 年代煤炭科学研究总院北京特采所王作宇等学者提出了原位张裂与零位破坏理论[101-104],如图 1-5 所示。该理论将在水压和矿压作用下的工作面在水平方向分为超前压力压缩段、卸压膨胀段和采后压缩稳定段三段,在垂直方向上根据矿压对底板的破坏分为直接破坏带、影响带和微小变化带,这一点与刘天泉院士的"三带"有相似之处。当岩体内存储的能量大于岩体本身所能承受的能量时,岩体内部的能量平衡被打破,底板自上而下发生破坏。当破坏深度达到一定程度时,底板在承压水作用下发生破坏而导致突水发生。

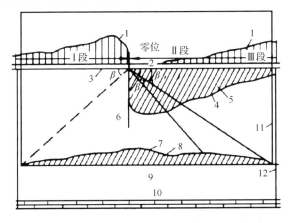

图 1-5 底板岩层原位张裂与零位破坏示意图

1. 应力分布;2. 采空区;3. 煤层;4. 零位破坏线;5. 零位破坏带;6. 空间剩余完整岩体(上);
7. 原位张裂线;8. 原位张裂带;9. 空间剩余完整岩体(下);10. 含水层;
11. 采动应力场空间范围;12. 承压水运动场空间范围

6."下四带"理论

21世纪初,山东科技大学施龙青等学者在"下三带"理论的基础上,从损伤断裂力学的角度出发,建立了底板破坏的"下四带"理论[105-108]。该理论将底板的破坏情况进一步细化,自上而下分为矿压破坏带、新增损伤带、原始损伤带和原始导升带。该理论可以更加准确地对底板突水危险性进行评价,但由于其计算公式比较复杂,参数的选取不便,因此该理论在推广应用上还存在需要改进的地方。

7. 其他理论

冯启言和陈启辉运用 ADINA 有限元程序模拟了煤层开采后底板岩体的破坏深度及断层对破坏深度的影响,得出无断层条件下,底板的破坏形状为马鞍形,在顶板初次来压时底板发生最大破坏;并提出底板突水的关键部位与时间是在初次来压时的断层带上,其次为开采中过断层前后 8m 处[109]。

胡耀青基于固流耦合理论,通过理论研究、相似模拟实验、数值分析及现场实际应用,系统研究并建立了带压开采的块裂介质岩体水力学数学模型[110]。

20 世纪 90 年代中国科学院地质研究所提出了强渗通道说,该理论认为底板是否存在突水通道是底板能否发生突水的关键[111,112]。

肖洪天等学者采用损伤力学的研究方法,建立了底板裂隙岩体损伤流变的断裂力学模型,并成功应用于赵各庄矿的突水安全评价[113]。

此外,一些学者也对底板破坏特征、隔水层性能、影响底板突水的主要因素等问题通过理论分析、现场实测、数值模拟和实验室试验方法进行了研究,并取得了一些有益的结果[114-123]。

1.2.3 薄基岩煤层矿压规律研究现状

目前,对于薄基岩煤层矿山压力显现规律的研究主要集中在浅埋深、厚冲积层、薄基岩条件,即浅埋煤层,而对于厚松散层,尤其是特厚松散层条件下的薄基岩煤层矿压规律研究还较少。

苏联学者秦巴列维奇最早进行了薄基岩浅埋煤层矿山压力显现规律研究,并根据莫斯科近郊的浅埋深煤矿提出了"台阶下沉假说"。1981 年,苏联学者布德需克研究了埋深为 100m,上覆岩层为黏土层的矿压规律,认为该条件下顶板发生冒落时会产生动载现象,且来压猛烈。20 世纪 80 年代初,澳大利亚霍勒尔瓦依特博士等对浅部长壁开采进行了矿压规律实测,得出了浅埋深开采时矿压显现规律[124]。20 世纪 90 年代,澳大利亚学者 Holla 和 Buizen 通过自地表到煤层的多层位孔锚固装置对新南威尔斯浅埋深长壁开采矿压观测,得出了顶板的活动规律[125]。此外,英国和美国也进行过浅埋深煤层的开采,为了控制地表下沉塌陷问题,主要采用房柱式采煤方法,并对使用该方法下的岩层移动进行了现场观测[126,127]。印度和南美由于缺乏相关技术也是采用房柱式开采,进行了开采沉陷和煤柱稳定性计算方面的研究[128-130]。

20 世纪 80 年代,随着我国神东煤田的开发,薄基岩问题开始引起众多学者的注意和研究,但由于当时神东煤田地理位置交通不便,限制了煤炭的运输,这一时期神东煤田主要采用房柱式开采,加之东部矿区储量丰富,对于厚松散层薄基煤层由于无法解决出现的技术问题而未进行开采,因此这一时期没有对薄基岩煤层矿压规律进行系统的研究。20 世纪 90 年代,我国经济快速发展,能源日益短缺,东部资源快速枯竭,煤炭开采大规模进行,薄基岩煤层矿压及围岩的破坏规律成为急需解决的问题,更多的学者开始对其进行研究。

西安科技大学的侯忠杰教授等是最早开展薄基岩煤层矿压规律研究工作的,其研究的主要对象是神东煤田。通过对大柳塔煤田进行矿压实测,测出了顶板断裂运动的主要方式为整体切落[131];通过对补连塔煤矿实验室相似模拟试验和现场观测,得出了浅埋深、薄基岩、厚松散层条件下的矿压显现规律和覆岩运动的破断规律[132];将关键层理论应用浅埋煤层,建立了覆岩全厚整体台阶切落的判别公式,指出地表厚松散层浅埋煤层覆岩中的关键层为两层坚硬岩层,并对地表厚松散层浅埋煤层组合关键层的稳定性进行了分析,此外利用突变理论对组合关键层失稳临界条件进行了分析[133-135];以两端固支梁及受矸石支撑的悬臂梁建立初次来压和周期来压力学模型,推导出了断裂带基本顶判别的理论公式,并揭示支架-围岩关系[136-140]。

西安科技大学黄庆享教授等在大量现场实测和实验室相似模拟试验的基础上,得出了浅埋煤层的矿压特征,给出了浅埋煤层的定义,提出了浅埋煤层初次来压的"非对称三角拱"和周期来压的"台阶岩梁"结构模型,建立了支架与围岩的关系,提出了确定合理支架阻力的计算方法[141-144]。

辽宁工程技术大学李刚、梁冰、李凤仪教授等在数值模拟和相似模拟试验的基础上,基于弹性力学建立了上覆岩层的梯度复合板模型,构建了周期来压的"承压砌块"模型,提出了支架合理工作阻力计算方法[145-147]。

中国矿业大学诸多学者对厚松散层薄基岩煤层覆岩活动规律进行了大量的研究工作。许家林教授等对华东矿区厚松散层薄基岩煤层通过相似模拟试验和数值模拟得出了工作面回采过程中发生压架事故的主要原因[148]。杨峰华通过相似模拟试验和数值模拟对兖州矿区太平煤矿顶板覆岩破断机理进行了研究,揭示了不同岩性组合薄基岩的采动破断机理,明确了薄基岩的含义[149]。方新秋等通过理论分析、数值模拟和相似模拟手段对厚表土层薄基岩煤层开采覆岩运动规律进行了研究,得出较厚的黏土层和薄基岩组合可以形成稳定的结构,建立了薄基岩煤层工作面力学结构模型,分析了薄基岩厚表土煤层开采的极限基岩厚度[150-152]。

另外,还有一些学者针对厚松散层煤层开采的覆岩移动破坏、开采沉陷、地表变形、防水煤柱留设等进行了研究[153-158],但大部分研究都集中在浅埋深赋存条件下,对于两淮、焦作、兖州、龙固等矿区出现的特厚冲积层薄基岩煤层开采矿压规律还缺乏系统的研究,因此对于特厚冲积层薄基岩煤层开采的矿压显现规律有待进一步的研究。

1.2.4　存在的问题

综采采场围岩破坏机理问题的研究近年来已经取得了很大的进展,但仍存在一些尚需进一步解决的问题,主要包括以下几个方面。

1. 特厚松散层薄基岩煤层覆岩破坏机理研究

目前,薄基岩煤层覆岩破坏规律的研究主要集中在浅埋深煤层,而对大采深特厚松散层薄基岩煤层的覆岩破坏机理还没有系统的研究,大部分只是针对具体矿井的具体问题进行研究。薄基岩煤层开采后,顶板发生大面积垮落,覆岩如何发生破断、是否形成有效的支撑结构以及结构的稳定性如何都是需要深入研究的问题。

2. 特厚松散层薄基岩煤层裂隙发育演化规律

覆岩中的裂隙不断发育,裂隙的分布和发育直接影响着岩体的力学行为,控制着水、瓦斯在其中的运移规律,并在一定程度上控制着上覆岩层的稳定性,因此研究覆岩裂隙破裂的演化规律对实现水体下安全开采、掌握覆岩运动规律等具有重要意义。

3. 不同基岩条件下煤层覆岩破坏机理

不同的基岩其覆岩在煤层开采时的破坏规律是不同的,什么样的基岩条件能够保证工作安全生产,什么样的基岩条件需要加强支护,超薄基岩、薄基岩和基岩的临界厚度值都是需要进一步研究的问题。

4. 覆岩破坏高度和底板破坏深度的研究

覆岩的破坏高度是进行水体下采煤、确定安全开采上限的重要参数,同时对于矿山压力显现与控制、开采方法及工艺的选择、具有瓦斯突出煤层解放层的开采及瓦斯抽放都具有重要作用。而底板的破坏深度直接决定承压水上煤层开采时底板有效隔水层的厚度及底板是否会发生突水。目前对该方面的研究方法很多,但各种方法均有优缺点,还需要在方法上进一步探讨。

1.3　研究内容

本书以赵固一矿工程地质和水文地质条件为研究背景,主要对特厚松散层薄基岩突水威胁煤层围岩破坏机理及应用进行研究。主要研究内容包括以下几个方面。

(1) 煤系地质结构及薄基岩采动破坏机理。分析煤系地层工程地质、水文地质条件,研究煤系地层的物质组成、岩体结构、强度、变形性质,获得薄基岩煤层水文地质和工程地质特征;进行薄基岩煤层开采顶板破坏规律试验,观测薄基岩煤层矿山压力显现规律,获得采动条件下薄基岩煤层工作面顶板破坏规律。

(2)覆岩破坏的分形特征研究。从研究裂隙的几何参数、分形特征入手,利用相似模拟试验裂隙发育平面图研究薄基岩煤层上覆岩层在采动影响下裂隙演化的分形特征,并利用损伤力学知识,建立覆岩破坏的分形损伤模型。

(3)不同基岩厚度覆岩活动规律研究。通过对厚松散层煤层不同基岩厚度的围岩运动规律进行数值模拟,获得不同厚度基岩、不同厚度松散层煤层围岩活动规律。

(4)薄基岩煤层覆岩破坏高度研究。总结覆岩破坏高度的研究方法,利用多种手段研究赵固一矿覆岩破坏高度,在此基础上分析影响覆岩破坏高度的主要因素,建立覆岩破坏高度预测的人工神经网络模型,并应用于赵固矿区。

(5)底板破坏特征研究。运用直流电法对赵固一矿底板破坏深度进行实测,并利用相似模拟试验验证实测结果,分析影响底板破坏深度的主要因素,建立底板破坏深度的预测模型。

(6)矿井突水溃砂防治技术研究。在围岩破坏机理研究的基础上,运用现有理论评价顶底板突水危险性,设计合理的顶板保护煤柱,建立成套的底板加固技术。

1.4　研究方法与研究路线

1.4.1　研究方法

1. 现场实测

(1)利用地面钻孔法对覆岩破坏高度进行观测,得出垮落带和裂隙带高度。
(2)运用直流电法得出底板的最大破坏深度和破坏位置。

2. 实验室试验

(1)对煤层底板岩石进行物理力学测试,测出煤层围岩的物理力学性质。
(2)对松散层底部黏土层取样并进行土工试验,测出黏土性质。
(3)通过相似模拟试验得出覆岩破坏规律及高度和底板最大破坏深度。

3. 数值模拟

(1)对赵固一矿11011工作面覆岩破坏规律进行数值模拟。
(2)对不同基岩条件煤层覆岩破坏规律进行数值模拟。

4. 理论分析

(1) 利用弹性力学和材料力学,建立顶板结构力学模型。
(2) 利用分形几何原理和损伤力学,建立覆岩破坏的分形损伤模型。
(3) 利用人工神经网络建立裂隙带高度的预测模型。
(4) 利用支持向量机建立底板破坏深度的预测模型。

1.4.2　技术路线

本书的技术路线框图如图 1-6 所示。

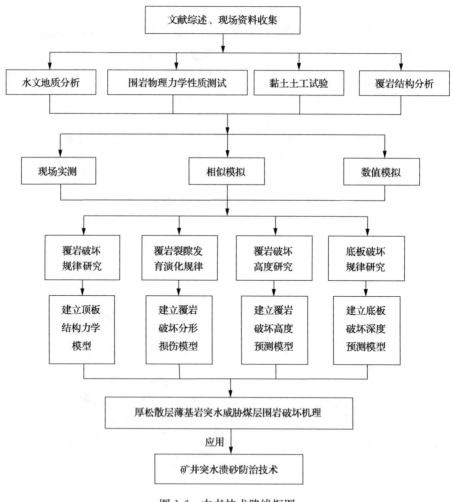

图 1-6　本书技术路线框图

第 2 章　矿井水文工程地质环境分析与评价

煤矿自勘探阶段到矿井的基建、开采,积累大量的水文工程地质基础资料,这些资料综合反映矿井地质集成信息。为了解决赵固一矿厚松散层薄基岩高承压水条件下煤层的安全开采问题,达到弄清围岩破坏机理与安全采煤的目的,必须充分利用现有资料,形成对矿井水文工程地质条件的总体性认识。为此,本章通过水文工程地质条件分析、围岩物理力学性质测试和覆岩结构对采煤的影响分析,综合评价矿井水文工程地质条件。

赵固一矿井田位于新乡、焦作两市交界地带,煤田划分属焦作煤田。于 2005年 6 月开始兴建。总资源储量 373Mt,可采储量 177Mt,设计生产能力 2.4Mt/a,服务年限 56.9 年,矿井井筒深度 634.8m,属低瓦斯矿井。矿井于 2005 年 6 月开工建设,2008 年 11 月东一盘区 11011 首采工作面试生产,2009 年 5 月正式投产。11011 工作面长度为 176.42m,分层综采,开采厚度为 3.5m,上半年安排 1 个采面生产,7 月两个工作面同采,并保持 7～9 个掘进工作面开拓准备,今年 1～7 月生产原煤 1.4913Mt。

2.1　井田地质概况

2.1.1　地层

本区为新近系、第四系全掩盖区,钻孔揭露地层由老到新为:奥陶系中统马家沟组、石炭系中统本溪组、石炭系上统太原组、二叠系下统山西组与下石盒子组、新近系、第四系。其中石炭系上统太原组和二叠系下统山西组为主要含煤地层,地层从老到新分述如下:

1. 奥陶系中统马家沟组(O_2m)

该组以深灰色巨厚层状隐晶质石灰岩为主,致密坚硬,裂隙发育,多充填方解石。本组实际厚度大于 400m,揭露厚度为 2.25～100.41m,平均 21.10m。

2. 石炭系中统本溪组(C_2b)

底部为铝质泥岩,中部为灰色砂质泥岩,上部为黑色泥岩和砂质泥岩。本组厚3.57～19.05m,平均 11.73m。与下伏地层呈平行不整合接触。

3. 石炭系上统太原组(C_3t)

由石灰岩、砂岩、砂质泥岩、泥岩和煤层组成,本组下起一$_2$煤层底,上至二$_1$煤层底板砂岩底,厚91.28~112.90m,平均105.95m,与下伏地层呈整合接触。根据其岩性组合特征可分为上、中、下三段。

(1)下段。自一$_2$煤层底至L_4灰岩顶,平均41.12m。岩性以石灰岩、煤层为主,夹砂质泥岩、泥岩。含灰岩三层(L_2、L_3、L_4),多为煤层顶板,其中L_2石灰岩普遍发育,为本区主要标志层,厚9.26~18.46m,平均14.86m。底部赋存一$_2$煤层,基本全区可采,一$_2$煤层有分岔合并现象。

(2)中段。自L_4灰岩顶至L_8灰岩底,平均39.02m。以砂岩、砂质泥岩、泥岩为主,底部常有一层中粗粒石英砂岩。灰岩L_5、L_6不稳定,有时相变为砂岩和砂质泥岩。

(3)上段。自L_8灰岩底至二$_1$煤层底板砂岩底,平均25.81m。以石灰岩、砂质泥岩、泥岩为主,夹薄煤四层,皆不可采。含灰岩两层(L_8、L_9),其中L_8石灰岩普遍发育,厚0.25~11.0m,平均7.80m,为本区主要标志层。L_9石灰岩亦较稳定。

4. 二叠系下统山西组(P_1sh)

下起二$_1$煤层底板砂岩底,上至砂锅窑砂岩底,厚66.01~89.64m,平均77.42m,岩性由砂岩、砂质泥岩、泥岩及煤层组成,为本区主要含煤地层,含煤三层,其中二$_1$煤为主要可采煤层。根据其岩性特征自下而上分为二$_1$煤层段、大占砂岩段、香炭砂岩段、小紫泥岩段。其中二$_1$煤层段和大占砂岩段自二$_1$煤层底板砂岩底至香炭砂岩底,厚48.87m,大占砂岩为中粗粒砂岩,厚1.49~18.41m,平均9.79m,为主要标志层。大占砂岩距二$_1$煤层厚4.83~10.6m,平均6.27m。本组与下伏太原组地层呈整合接触。

5. 二叠系下统下石盒子组(P_1x)

据区内钻孔揭示,仅保留本组下部三、四煤段地层,下起砂锅窑砂岩底,上至基岩剥蚀面,保留厚度0.90~131.00m,平均42.43m。本组与下伏山西组地层呈整合接触。

6. 新近系、第四系

覆盖于上述各时代地层之上,由坡积、洪积与冲积形成的黏土、砂质黏土、砾石及砂层等组成。厚366.68(7202孔)~808.10m(6810孔),平均480.02m,且由北而南、由西向东逐渐增厚。

2.1.2　地质构造

井田总体构造形态为一走向北西、倾向南西、倾角 2°～6°,局部 12°的单斜构造。受区域构造控制,本区构造特征以断裂为主,发育的断层有 NE 向、NW 向和近 EW 向三组,其中以 NE 向为主。NE 向断层延伸长、落差大、频度高,由西北向东南把整个井田切割为阶梯状长条形断块,且具多期活动性,造成断层两盘新生界地层厚度相差较大;NW 向和 EW 向断层多被 NE 向断层切割,近 EW 向断层多在NE 向断层之间发育。

全井田内共发育断层 24 条,其中落差大于 100m 的断层有 4 条(F_{15}、F_{16}、F_{17}、F_{20}),落差为 100～50m 的断层有 3 条(F_{23}、F_{25}、DF_{37}),落差为 50～20m 的断层有4 条(DF_{46}、DF_{48}、F_{24}、F_{28}),落差小于 20m 的断层有 13 条。

落差小于 20m 的 13 条断层中,落差大于 10m 的断层有 2 条,落差为 5～10m的断层有 5 条,落差小于 5m 的断层有 6 条。断层按走向划分,NE 向 4 条,NW 向3 条,EW 向 6 条,13 条小断层中有 9 条位于初期采区内。

全井田另解释孤立断点 14 个,A 级断点 9 个,B 级断点 5 个,按落差分,大于20m 的断点 1 个,10～20m 的断点 8 个,小于 10m 的断点 5 个。

井田内没有岩浆岩活动。

2.1.3　煤层

井田含煤地层为石炭系太原组、二叠系山西组和下石盒子组。含煤地层总厚度为 237.53m,划分 5 个煤组段,含煤 21 层,煤层总厚度为 11.41m,含煤系数4.80%。山西组和太原组为主要含煤地层,山西组下部的二$_1$煤层和太原组底部的一$_2$煤层为主要可采煤层,其余煤层局部可采,可采煤层总厚度为 9.51m。

1.　二$_1$煤层

二$_1$煤层赋存于山西组下部,上距大占砂岩 4.83～10.6m,平均 6.27m,距砂锅窑砂岩 49.1～75.33m,平均 58.20m;下距 L_8 灰岩 24.08～39.89m,平均31.94m,其层位稳定。井田内计有 38 孔穿过二$_1$煤层,全部可采,煤层厚度为1.21～7.10m,平均 5.29m,其中煤层厚度为 3.5～8.0m 的钻孔 36 个,占见煤钻孔的 94.7%。煤厚变异系数 0.22,标准差 1.18,可采性指数 100%,属全区可采的稳定型厚煤层。

二$_1$煤层厚度变化小,且变化规律明显。井田南西部厚度较小,一般为 3.8～4.15m,其余块段除断层边缘零星分布有 4 点煤层厚度小于 4m 外,绝大多数点煤层厚度均稳定在 5.5～6.96m。初期采区统计见煤点 22 个,煤层厚度为 3.92～6.96m,除去一个最厚点和一个最薄点,煤层平均厚度为 6.14m。

38 个钻孔中有 24 孔见二$_1$ 煤层有夹矸,其中夹矸 1 层者有 16 孔,2 层者有 5 孔,3 层者有 3 孔,夹矸厚度为 0.05~0.42m,多为碳质泥岩和泥岩,故煤层结构简单。

二$_1$ 煤层赋存标高为−330~−780m,埋藏深度 410~860m。

2. 一$_2$ 煤层

一$_2$ 煤层赋存于太原组底部,上距二$_1$ 煤层 106.96~121.47m,平均 116.26m,下距奥陶系顶界面 3.57~19.05m,平均 11.73m。全区 41 孔中,14 孔钻穿见煤,全区可采,揭露煤层厚度 1.38~5.68m,平均 3.62m。煤层结构简单至较复杂,一$_2$煤局部分又为一$_2^1$、一$_2^2$、一$_2^3$,分叉后下部两层煤属局部可采或偶尔可采煤层。

由于一$_2$ 煤下距奥陶系灰岩仅有 11.73m,其直接顶板又为 L$_2$ 强灰岩含水层,处于两强含水层之间,水文地质条件极复杂,且煤质属中灰、高硫煤,属政策限采煤层,未列为勘探对象,设计未考虑开采。

2.2　矿井水文地质条件分析

2.2.1　区域水文地质特征

焦作煤田地处太行山复背斜隆起带南段东翼,其北部为太行山区,天然水资源量 38541 万 m³/a,山区出露的石灰岩面积约 1395km²,广泛接受大气降水补给,补给量 26.28m³/s。区内寒武系、奥陶系石灰岩岩溶裂隙发育,为地下水提供了良好的储水空间和径流通道,岩溶地下水总体流向在峪河断裂以北(含赵固一矿井田)为 SE、SW 向,以南为 NW 向,一般在断裂带附近岩溶裂隙发育,常常形成强富水、导水带,如凤凰岭断层强径流带,朱村断层强径流带、方庄断层强径流带等。统计资料显示,岩溶地下水动态大致经历了三个阶段,即 20 世纪 50 年代中期到 60 年代中期的基本天然状态;60 年代中期到 70 年代末期的平水期过量开采状态;70 年代末到 20 世纪初的枯水期过量开采状态,各期数据变化详见表 2-1。

表 2-1　焦作煤田岩溶地下水变化历时统计表

水文年	年份	历时/a	降水量/mm	排水量/(m³/s)	水位降低/m	最低水位/m	水位年变幅/m
丰水期	1952~1964	12	826.1	1.501		100	8~16
平水期	1965~1977	13	711.87	4.694	9.0	91	5.8
枯水期	1978~1986	8	662.3	9.939	6.0	85	6.2

总的来看,如果没有丰水年的降水补给,区域岩溶地下水平衡状态基本已被打

破,水位连年下降已成定势。

2.2.2　井田水文边界条件及水文地质勘探类型

赵固勘探区北东向断层发育,自西向东有九里山断层(F_{14})、F_{15}、F_{16}、F_{17}、F_{18}、F_{19}六条断层,呈近平行展布,将区内煤层分割成多个断块,诸断块由西向东呈阶梯状逐级下降,埋深加大,加上勘探区最西部九里山断层为区域性导水大断层,其余北东向断层亦均为导水断层,故本区西北部成为供水边界和主要来水方向;东南部边界应属疏水边界;南部峪河断层(F_{20})落差 300~700m,使本区煤层底板灰岩含水层与邻区新生界地层对接,成为本区一条横向阻水边界。北东部为煤层及灰岩隐伏露头区,由于断层切割,使得奥陶系、太原组灰岩含水层在此成为一个复杂的含水系统,天然状态下北东部露头地带不是来水方向,但人工疏排时有回补矿区的可能,因此应视为一自然边界。

太原组上段 L_8 石灰岩为二₁煤层主要充水含水层,综合边界条件和矿区构造控水特点分析,本区二₁煤层水文地质勘探类型为第三类第二亚类第二型,即以底板涌水为主的岩溶充水条件中等型矿床。

2.2.3　井田主要含水层及隔水层

1. 含水层

(1)中奥陶统灰岩岩溶裂隙含水层。由中厚层状白云质灰岩、泥质灰岩组成,本区揭露最大厚度 100.79m,一般揭露厚度 8~12m,含水层顶板埋深 437.26~834.61m,上距 L_2 灰岩一般为 19m,距二₁煤层一般为 118.26~142.58m,正常情况下不影响煤层开采,但在断裂发育情况下对矿井威胁大。该含水层在古剥蚀面的岩溶裂隙发育,钻孔漏失量 12m³/h,12203 孔抽水单位涌水量 0.226L/s·m,渗透系数 0.701m/d,稳定水位标高+87.01m。

(2)太原组下段灰岩含水层。由 L_2、L_3 灰岩组成,其中 L_2 灰岩发育较好,厚度由西向东、由浅而深变厚,一般厚 15m,最厚 18.98m(7203)。据 18 个钻孔统计,遇岩溶裂隙涌漏水钻孔 3 个,占揭露总孔数的 16.7%,涌、漏水钻孔主要分布在断层两侧和附近,6809 孔涌水量 4.0m³/h,区内近似水位标高+86.2m。区外 6002孔抽水单位涌水量 1.090L/s·m,渗透系数 9.87m/d,为富水性较强的含水层。该含水层直接覆盖于一₂煤层之上,上距二₁煤层 89.27~104.36m,为二₁煤层间接充水含水层。

(3)太原组上段灰岩含水层。主要由 L_9、L_8、L_7 灰岩组成,其中 L_8 灰岩发育最好,据揭露该层灰岩含水层的 34 个孔统计,含水层厚度一般为 8~11m,平均8.75m,最厚 11.50m(7603 孔),灰岩岩溶裂隙较发育,连通性较好,在倾向上好于走向。统计漏水 6 孔,占揭露总孔数的 17.65%,漏水钻孔主要分布在古剥蚀面、北东面断层及露头附近,漏水量 0.12～12.0m³/h。钻孔抽水单位涌水量 0.5507L/s·m,渗透系数 9.82～10.94m/d,水位标高 87.92～88.85m,比前两年水位升高 3～6m,为中等富水含水层。pH 为 7.7～8.35。

该含水层上距二₁煤层 24.08～39.89m,平均 31.94m,为二₁煤层底板主要充水含水层。

(4)二₁煤顶板砂岩含水层。主要由二₁煤顶板大占砂岩和香炭砂岩组成,厚度一般为 2.8～67.99m(1～13 层),揭露 34 孔未发生涌、漏水现象。井检 1 孔抽水单位涌水量 0.000736L/s·m,渗透系数 0.00858m/d,水位标高 84.51m,属弱富水含水层。

(5)风化带含水层。由隐伏出露的各类不同岩层组成,厚度为 15～50m,一般为 20～35m,除石灰岩风化带含水层富水性较强外,其他砂岩、砂质泥岩等岩层属弱含水层。11901 孔抽水,单位涌水量 0.0000826L/s·m,渗透系数小于 1.12m/d。

(6)新近系中底部砂砾石含水层。新近系中部存在 1～3 层中、细砂,含承压水,井检 1 孔抽水单位涌水量 0.393L/s·m,渗透系数 2.082m/d,水位标高 +87.61m,属中等富水含水层,pH 为 7.82。

本井田范围内,新近系底部未见砂砾石层(俗称"底含")含水层,底部砾石为古河床相,主要分布在勘探区西、东部,由砾石、砂砾石组成,呈半固结状态,其渗透率介于含水与弱透水之间,属弱富水含水层,对矿床影响不大。

(7)第四系含水层。主要由冲积砾石和细—中粗砂组成,级配差别大,多位于中上段。普查区西部山前多为砾卵石层,含水层埋藏较浅,厚 5.0～16.1m,含水丰富;中、东部多为砂、砾石含水层,多层相间分布,调查含水层厚 11.7～35.95m,富水性较强。区内民用机井简易抽水试验,单井单位涌水量 1～4.38L/s·m;水位标高 +75.57～+83.64m,pH 呈中性。由于含水层埋藏浅易受环境污染,所采三组水样的大肠菌群、细菌总数均严重超标。

2. 隔水层

(1)本溪组铝质泥岩隔水层。系指奥陶系含水层上覆的铝质泥岩层、局部薄层砂岩和砂质泥岩层,全区发育,厚 2.80～28.85m,分布连续稳定,具有良好的隔水性能。

(2)太原组中段砂泥岩隔水层。系指 L₄ 顶至 L₇ 底之间的砂岩、泥岩、薄层灰岩及薄煤等岩层,该层段总厚度为 28.94～53.25m,以泥质岩层为主,为太原组上下段灰岩含水层之间的主要隔水层。

(3)二₁煤底板砂泥岩隔水层。系指二₁煤底板至 L₈ 灰岩顶之间的砂泥岩互层,以泥质类岩层为主。该段的总厚度为 24.08～39.89m,平均 31.94m,其分布连续稳定,是良好的隔水层段,但在有地质构造的位置隔水层变薄,隔水性明显降低。

(4) 新近系泥质隔水层。由一套河湖相沉积的黏土、砂质黏土组成,厚度为215～571m,呈半固结状态,隔水性良好,可阻隔地表水、浅层水对矿床的影响。

2.2.4　矿床充水因素分析

(1) 地表水和新生界孔隙水距二$_1$煤层间距大,其间有 366～594m 黏土相隔,对矿床无充水意义。表土段底部在本井田未见"底含"分布,勘探区西、东部存在的底部砾石层多被黏土胶结,其渗透率介于含水与弱透水之间,属弱富水,对矿床影响不大,但在基岩厚度较薄处应引起重视。

(2) 二$_1$煤层顶板砂岩裂隙含水层富水性弱,易疏排。

(3) 太原组上段灰岩含水层为二$_1$煤层底板直接充水含水层,其水量较丰富,水头压力大,补给强度中等。正常情况下,由于二$_1$煤层底板隔水层(24～40m)的存在,不会造成直接充水,但在构造断裂带和隔水层变薄区,底板灰岩含水层具充水威胁。

(4) 本井田北东向断裂构造较发育,断层均为导水断层,富水性强,对开采威胁大。

(5) 井田北浅部灰岩隐伏露头地带,汇集了丰富的岩溶裂隙水,未来矿井大降深排水时,会形成回流,成为二$_1$煤层充水水源。

2.2.5　矿井涌水量预算

地质勘探过程中对二$_1$煤层顶、底板充水含水层进行了抽水试验,共抽水 9 层次,其中奥陶系灰岩 1 层次、太原群上段 4 层次、顶板 1 层次,利用抽水参数,用解析法预算全矿井和－510m 水平正常涌水量分别为 2377.36m³/h、1828.45m³/h。另外,利用邻近古汉山和辉县吴村煤矿实际涌水资料用比拟法预算全矿井和－510m 水平正常涌水量分别为 2291.04m³/h、1863.98m³/h。总体认为,公式法预算与比拟法预算结果比较接近,但还存在差距,主要原因认为是古汉山矿井下暴露条件还不够充分,而吴村煤矿开采水平较浅。故推荐以解析法计算的涌水量结果,最大涌水量按正常值的 1.25～1.35 倍计算,故赵固一矿预算涌水量见表 2-2。

表 2-2　赵固一矿预算涌水量

	正常涌水量/(m³/h)	最大涌水量/(m³/h)
－510m 水平	1828.45	2468.41
全矿井	2377.36	2971.7

2.3　矿井围岩物理力学性质

2.3.1　黏土层的物理力学特征

　　新近系底部厚黏土层是矿井防止新近系底砂溃水、溃砂的关键隔水层,该黏土层的阻隔水性与其工程性质是密切相关的。为此,利用覆岩破坏高度观测孔(SD-01)取土样(表2-3)进行土工试验物性指标测试,其结果见表2-4～表2-9。

表 2-3　赵固土料(室内试验)土样名称和钻孔组号对照表

土样名称	钻孔组号	岩性	取样深度/m
赵固1	1	铝质黏土	478.05～482.22
赵固2	2	铝质黏土	483.30～484.92
赵固3	3	黏土	485.35～487.50
赵固4	4	黏土	497.50～499.80
赵固5	5	黏土	515.80～516.65

表 2-4　赵固土料颗粒分析和视密度试验结果

土样名称	粒组含量 d/%			土类	视密度
	>0.075mm	0.075～0.005mm	<0.005mm		
赵固1	43.7	42.3	14.0	含粗粒的细粒土	2.68
赵固2	37.3	37.7	25.0	含粗粒的细粒土	2.70
赵固3	22.2	32.8	45.0	细粒土	2.69
赵固4	33.1	39.9	27	含粗粒的细粒土	2.71
赵固5	52.2	19.8	28	粗粒类土	2.69

表 2-5　赵固土样的液、塑限试验和液性指数结果

土样名称	液限/%	塑限/%	塑性指数/%	土的分类	液性指数	判别
赵固1	38.0	15.0	23.0	低液限黏土	−0.15	坚硬
赵固2	31.0	15.2	15.8	低液限黏土	−0.23	坚硬
赵固3	27.4	15.4	12.0	低液限黏土	−0.15	坚硬
赵固4	32.4	13.6	18.8	低液限黏土	−0.18	坚硬
赵固5	31.2	12.6	18.6	低液限黏土	−0.10	坚硬

表 2-6　赵固土样的非饱和不浸水压缩试验孔隙比变化表

土样名称	垂直压力/MPa	0	0.05	0.1	0.2	0.4	0.8	1.6
赵固 1	孔隙比	0.340	0.310	0.305	0.288	0.272	0.254	0.223
赵固 2	孔隙比	0.286	0.268	0.264	0.255	0.248	0.236	0.214
赵固 3	孔隙比	0.312	0.293	0.289	0.276	0.265	0.251	0.231
赵固 4	孔隙比	0.297	0.282	0.279	0.267	0.258	0.249	0.234

表 2-7　赵固土样的非饱和不浸水压缩试验结果

土样名称	制样条件		0.1～0.2MPa 压力范围内压缩系数/MPa^{-1}	
	天然含水率/%	天然干密度/(g/cm³)	非饱和不浸水	压缩性判别
赵固 1	11.5	2.00	0.171	中压缩性土
赵固 2	11.5	2.10	0.085	低压缩性土
赵固 3	13.6	2.05	0.125	中压缩性土
赵固 4	10.3	2.09	0.117	中压缩性土

表 2-8　赵固土样的无荷膨胀率试验成果

土样名称	制样条件	无荷膨胀率/%
	天然干密度/(g/cm³)	
赵固 1	2.00	0.048
赵固 2	2.10	0.076
赵固 3	2.05	2.120
赵固 4	2.09	0.828

表 2-9　赵固原状土的不饱和不固结不排水剪试验结果

土样名称	制样条件		强度指标	
	平均天然含水率/%	平均天然干密度/(g/cm³)	Φ_u/(°)	C_u/kPa
赵固 1	11.5	2.00	22.4	226.8
赵固 2	12.2	1.98	34.1	67.4
赵固 3	14.4	1.90	36.6	84.4
赵固 4	11.1	2.02	30.7	122.9
赵固 5	10.8	2.07	35.0	110.9

由表 2-4 可知,土样粒径大于 0.075mm 的颗粒含量平均占 37.7%;粒径在 0.075～0.005mm 范围内的颗粒含量平均占 34.5%,粒径小于 0.005mm 的颗粒含量平均占 27.8%,综合分析为含粗粒的细粒土;土样视密度平均为 2.69。

由表 2-5 可知,土样的塑性指数基本都大于 17,液性指数都小于 0.25,该黏土的状态分类为低液限半固结状态。具有良好的隔水性和差的流动性,对防止上面砂、砾层含水层的溃水、溃砂十分有利。

由表 2-6 土样的非饱和不浸水压缩试验孔隙比变化表可知,土样在天然状态下孔隙比范围为 0.286～0.340,随着垂直压力的不断增大,孔隙比有所减小,但减小幅度不大,当垂直压力为 1.6MPa 时孔隙比范围为 0.214～0.234。

由表 2-7 土样的非饱和不浸水压缩试验结果可知,该土样天然干密度平均为 2.05g/cm³ 左右,天然含水率为 10.3%～13.6%。综合分析认为赵固一矿土样的天然含水率较低,孔隙比较小,渗透性不强,土样在自然状态下吸水性差,固结性小,为硬塑状态的中低压缩性土。

由表 2-8 可知,土样均有膨胀性,无荷膨胀率为 0.048%～2.120%,其中埋深为 485.35～487.50m 范围内的赵固 3 号土样无荷膨胀率深部最大为 2.120%,对未封闭钻孔有自然闭合作用,有利于阻隔导水通道。

由表 2-9 可知,土样天然状态下抗剪强度较大。

2.3.2 岩样的物理力学特征

1. 采样地点及尺寸

岩样取自焦煤集团赵固一矿一水平二₁煤层顶底板,顶板取样在煤层上方 20m 范围内,底板在 15m 范围内。采用钻孔取样法,二₁煤层平均倾角为 2° 左右,为了尽可能真实反映二₁煤层顶底板岩石的力学特性,顶底板岩样分别设在两个区域,布置 4 个钻孔。

顶板岩样地点分别设在井底车场和东胶带运输巷通风行人巷以东 130m 北帮。井底车场,钻孔编号为 DB-1,钻孔倾角为 63°,钻孔深度为 30m,岩心直径为 51～100mm。东胶带运输巷通风行人巷以东 130m 北帮,钻孔倾角为 12°,钻孔深度为 72.2m。

底板取样地点分别设在井底车场和东回风巷行人联络巷东 16m。在井底车场处,钻孔编号为 ST-1,钻孔倾角为 9°,钻孔深度为 91m,岩心直径为 100mm;在东回风巷行人联络巷东 16m 处,钻孔倾角为 60°,钻孔深度为 24.5m,岩心直径为 100mm,开孔处煤层厚度为 4m(孔深包括 4m 煤厚)。

2. 测试结果

1) 声波特性

井底车场二₁煤顶板岩石的波速相差不大,其二₁煤的波速为 1549～1755m/s,平均为 1652 m/s;直接顶细粒砂岩波速为 3598～3853m/s,平均为 3718m/s;基本顶两个层位的中粒砂岩波速分别为 3542～4489m/s 和 3125～3937m/s,平均为

3881m/s 和 3483m/s;底板砂质泥岩的波速为 3628~3707m/s,平均为 3661m/s;细粒砂岩的波速为 2093~3578m/s,平均为 2750m/s;两个层位的泥岩波速分别为 3303~3891m/s 和 1419~3319m/s,平均为 3500m/s 和 2677m/s。

东胶巷顶板不同层位中粒砂岩声波相差不大,平均声波为 3793~4269m/s,由下而上声波相差逐渐增大,与自然密度变化趋势大致相同,岩样测试结果的离散程度不大,表明上述中粒砂岩均匀性比较好。

东回风巷底板钻孔岩石试件声波测试结表明二$_1$煤层的波速为 1602~1865m/s,平均为 1733m/s;底板两种砂质泥岩波速较低,离散程度较大,波速分别为 2911~3619m/s 和 2712~3826m/s,平均为 3419m/s 和 3379m/s;石灰岩的波速较高,波速为 4694~5435m/s,平均为 5228m/s。

2）抗拉强度

从井底车场顶板钻孔 DB-1 和底板钻孔 ST-1 岩石抗拉强度测定结果可以看出,直接顶细砂岩抗拉强度为 3.24~3.77MPa,平均为 3.50MPa;基本顶中粒砂岩抗拉强度为 4.17~5.55MPa,平均为 4.84MPa。

东胶巷顶板不同层位中粒砂岩抗拉强度相差不大,平均抗拉强度为 4.76~6.61MPa,测试结果离散程度不大,表明中砂岩均匀性比较好。

3）抗压强度

从井底车场顶板钻孔 ST-1 和井底车场 DB-1 钻孔岩石单轴抗压强度及普氏系数(坚固性系数)测定结果可以看出:二$_1$煤的抗压强度为 6.72~21.17MPa,平均为 13.9MPa;直接顶细砂岩完整性好,抗压强度为 133.74~138.7MPa,平均为 136.1MPa;基本顶中粒砂岩抗压强度为 62.51~138.48MPa,平均为 97.7MPa。

井底车场底板砂质泥岩的抗压强度为 59.55~96.0MPa,平均为 74.06MPa;底板两个层位的泥岩抗压强度分别为 4.15~41.52MPa 和 2.42~16.71MPa,平均为 18.4MPa 和 14.1MPa;底板细砂岩抗压强度为 8.34~22.08MPa,平均为 14.8MPa。

从井底车场顶底板抗压试验结果分析表明,二$_1$煤顶板岩石整体完整性较好,强度较高;而底板岩石相对裂隙发育,完整性较差,强度较低。

东胶巷二$_1$煤层顶板不同层位中粒砂岩的强度相差不大,自下而上强度逐渐增大,平均强度为 119.41~143.07MPa,平均坚固性系数为 11.9~14.3,表明中粒砂岩属于坚硬岩石。

东回风巷底二$_1$煤层强度为 1.48~3.89MPa,平均强度为 2.69MPa,底板岩性相差较大,两种砂质泥岩的强度较小,强度为 13.1~89.8MPa,平均强度为 56.9MPa,平均坚固性系数为 5.7,属于中等硬度岩石;石灰岩强度较高,抗压强度为 94.6~177.9MPa,平均强度为 145.5MPa,平均坚固性系数为 14.6;石灰岩属于坚硬岩石。

4）变性参数

井底车场顶板岩石的平均弹性模量为 14.8～22.54GPa，平均变形模量为 7.4～12.84GPa；而底板岩石平均弹性模量为 3.1～14.1GPa，平均变形模量为 2.58～8.9GPa，表明二₁煤层顶板岩石的抗变形能力明显大于底板岩石。

东胶巷顶板不同层位中粒砂岩变形参数存在差异，自下而上抗变形能力逐渐增强，平均弹性模量为 20.80～29.45GPa，平均变形模量为 14.25～17.88GPa，变形参数测试结果的离散性较小，表明上述中粒砂岩比较均匀，完整性较好。

东回风巷二₁煤抗变形能力较小，平均弹性模量为 0.84GPa，平均变形模量为 0.56GPa；两种砂质泥岩的弹性参数存在差异，平均弹性模量为 8.09～12.87GPa，平均变形模量为 4.95～8.97GPa；石灰岩抗变形能力较强，平均弹性模量为 39.02GPa，平均变形模量为 20.85GPa。

5）强度准则

通过对顶板中的五个层位的中粒砂岩进行三轴试验，得出了它们的强度准则。井底车场顶板中中粒砂岩 A 的强度准则为 $\sigma_1 = 3.73\sigma_3 + 152.51$ 或 $\tau = \sigma\tan35.3 + 39.48$，围压影响系数为 3.73。井底车场顶板中粒砂岩 B 的强度准则为 $\sigma_1 = 2.91\sigma_3 + 160.68$ 或 $\tau = \sigma\tan29.2 + 47.09$，围压影响系数为 2.91。东胶巷顶板中粒砂岩 A 的强度准则为 $\sigma_1 = 5.068\sigma_3 + 141.84$ 或 $\tau = \sigma\tan42.1 + 31.5$，围压影响系数为 5.068。东胶巷顶板中粒砂岩 B 的强度准则为 $\sigma_1 = 5.056\sigma_3 + 147.32$ 或 $\tau = \sigma\tan42.0 + 32.76$，围压影响系数为 5.056。东胶巷顶板中粒砂岩 C 的强度准则为 $\sigma_1 = 5.923\sigma_3 + 155.55$ 或 $\tau = \sigma\tan45.3 + 31.96$，围压影响系数为 4.667。

6）结果汇总

井底车场底板 DB-1 钻孔底板岩石物理力学参数的测试结果见表 2-10，井底

表 2-10　井底车场底板 DB-1 钻孔底板岩石物理力学参数的测试结果

岩石名称	砂质泥岩		泥岩 A		细砂岩		泥岩 B	
距离煤层	1.10～1.63m		6.26～9.13m		9.23～9.55m		9.86～13.45m	
参数	最小值～最大值	平均值	最小值～最大值	平均值	最小值～最大值	平均值	最小值～最大值	平均值
波速/(m/s)	3628～3707	3663	3303～3891	3500	2093～3578	2750	1419～3319	2677
视密度/(kg/m³)	2608～2647	2627	2664～2714	2680	2513～2527	2518	2615～2665	2642
抗拉强度/MPa	3.18～3.72	3.45						
抗压强度/MPa	59.55～96.0	74.06	4.15～41.52	18.4	8.34～22.08	14.8	2.42～16.71	14.1
弹性模量/MPa	12.95～15.25	14.1	1.14～11.13	4.77	2.83～7.10	4.4	1.91～4.26	3.1
变形模量/MPa	8.48～9.42	8.9	0.92～6.27	3.04	1.99～4.04	2.73	1.02～3.61	2.58
坚固性系数	5.9～9.6	7.4	0.4～4.1	1.8	0.8～2.2	1.5	1.2～1.6	1.4

车场顶板 ST-1 钻孔岩石物理力学参数的测试结果见表 2-11,东回风巷底板岩石物理力学参数的测试结果见表 2-12,东胶巷顶板岩石物理力学参数的测试结果见表 2-13。

表 2-11　井底车场顶板 ST-1 钻孔岩石物理力学参数的测试结果

岩石名称	中粒砂岩 A		中粒砂岩 B		细砂岩		二₁ 煤	
距离煤层	16.61~18.66m		2.22~10.02m		0~2.22m			
参数	最小值~最大值	平均值	最小值~最大值	平均值	最小值~最大值	平均值	最小值~最大值	平均值
波速/(m/s)	3542~4489	3881	3125~3937	3483	3598~3853	3718	1549~1755	1652
视密度/(kg/m³)	2659~3028	2841	2641~2783	2715	2706~2774	2746	1398~1496	1447
抗拉强度/MPa	4.66~5.55	5.10	4.17~5.00	4.58	3.24~3.77	3.50		
抗压强度/MPa	67.42~138.48	103.0	62.51~110.77	92.4	133.74~138.10	136.1	6.72~21.17	13.9
弹性模量/MPa	10.68~23.42	17.0	10.644~19.89	14.8	21.90~23.09	22.54	1.20~2.67	1.93
变形模量/MPa	5.28~12.97	9.2	4.95~10.75	7.4	11.98~13.63	12.84	0.78~1.53	1.15
坚固性系数	6.7~13.8	10.3	6.2~11.0	9.2	13.3~13.8	13.6	0.7~2.1	1.4
黏聚力/MPa	39.48		47.09					
内摩擦角/(°)	35.3		29.2					

表 2-12　东回风巷底板岩石物理力学参数的测试结果

岩石名称	二₁ 煤		砂质泥岩 A		砂质泥岩 B		石灰岩	
距离煤层			0.87~4.33m		4.33~7.79m		13.85~15.85m	
参数	最小值~最大值	平均值	最小值~最大值	平均值	最小值~最大值	平均值	最小值~最大值	平均值
波速/(m/s)	1602~1865	1733	2911~3619	3419	2712~3826	3379	4694~5435	5228
视密度/(kg/m³)	1384~1395	1390	26.2~2650	2622	2416~2669	2598	2595~2796	2677
抗压强度/MPa	1.48~3.89	2.69	50.9~89.8	69.8	13.1~79.0	43.9	94.6~177.9	145.5
弹性模量/MPa	0.45~1.22	0.84	8.30~18.09	12.87	2.07~16.17	8.09	27.49~49.28	39.02
变形模量/MPa	0.37~0.76	0.56	4.26~14.23	8.97	2.26~9.04	4.95	10.69~34.35	20.85
坚固性系数	0.15~0.4	0.27	5.1~9.0	7.0	1.3~7.9	4.4	9.5~17.8	14.5

表 2-13　东胶巷顶板岩石物理力学参数的测试结果

岩石名称	中粒砂岩 A		中粒砂岩 B		中粒砂岩 C		中粒砂岩 D	
距离煤层	1.17～3.29m		3.29～6.04m		6.04～8.80m		8.80～10.39m	
参数	最小值～ 最大值	平均值	最小值～ 最大值	平均值	最小值～ 最大值	平均值	最小值～ 最大值	平均值
视密度/(kg/m³)	2586～2671	2631	2610～2671	2640	2616～2752		2694～2957	2786
波速/(m/s)	3657～3984	3793	3514～4071	3933	3937～4282		3984～4816	4269
抗拉强度/MPa	2.08～9.86	4.76	4.32～6.6	5.36	4.92～12.2		4.92～8.28	6.61
抗压强度/MPa	96.89～138.74	119.41	104.93～149.93	132.25	119.69～141.85		118.36～164.73	143.07
弹性模量/MPa	19.21～26.73	20.80	20.72～28.07	24.79	20.63～33.28		21.96～39.72	29.45
变形模量/MPa	10.82～18.62	14.25	12.34～17.31	14.99	11.94～19.49		13.37～22.94	17.88
坚固性系数	9.7～13.9	11.9	10.4～15.0	13.2	12.0～14.2		11.8～16.5	14.3
黏聚力/MPa	31.51		32.76					
内摩擦角/(°)	42.1		42.0					

2.4　上覆岩层对采煤影响的综合评价

2.4.1　第四系、新近系地层结构特征

1. 第四系、新近系地层含水层组的划分

赵固井田松散地层为第四系、新近系地层,没有具体深度划分。该地层直接覆盖在煤系地层基岩上面,东一盘区已有的 6401 等 8 个钻孔岩层结构柱状图表明,东一盘区第四系、新近系松散层主要由红色、紫灰色及杂色黏土、砂质黏土、砾石、砂层等组成,厚度范围为 427.49～518.85m,厚度大。该含水层组划分为两个含水层,分别为浅部的第四系砂砾岩含水层和深部的新近系砂砾岩含水层,其主要特征如下:

(1) 以 11011 工作面内 6401 钻孔为例,单层厚度大于 20m 的黏土层有 7 层,其中最厚的为底界埋深 295.35m 的黏土层厚 79.5m。厚层黏土的存在可有效阻隔含水层之间的水力联系。

(2) 单层厚度大于 5m 的砂、砾层为 6 层,最厚的为底界埋深 179.85m 的黏土层厚 27m。

(3) 根据含、隔水层结构以及对采矿的影响,将松散层进行划分:埋深小于 215.85m 的第四系砂砾含水层为第一含水层(组)段或上组含水层(组),富水性强;埋深 215.85～419.85m 的地层由 6 层厚度大于 10m 的单层黏土层和厚度均小

于5m的砂砾含水层组成,为第一隔水层(组);埋深419.85～437.35m的地层由2层厚砂砾层组成,为第二含水层(组)或下组含水层(组),第二含水层为新近系砂砾含水层,富水性弱—中等;埋深437.358～518.85m的地层由2层较厚的黏土层和1层中厚砂砾层组成,为第二隔水层(组)。

(4) 第二隔水层(组)为黏-砂-黏结构,即2层厚层黏土组中有一层中厚或厚层的砾石或砂层。根据水文地质勘探,对浅部煤层开采有直接影响的是第二隔水层(组)的"夹砂砾"层。

2. 新近系底部黏-砂砾-黏结构

水体下安全采煤经验表明,对矿井安全生产有影响的松散层主要是底部50m范围,特别是最下面与基岩相接触松散地层的岩性和富水性。赵固井田新近系底部为"黏-砂砾-黏"结构,即底部为厚层黏土,中间夹一层砂砾层,再上为厚层黏土。由表2-14、表2-15可见:①底部黏土层普遍存在,并且厚度大,为15.47～53.74m。②"夹砂砾"含水层厚度范围为2.17～11.5m,主要由砾石和粉、细、中砂组成。

表2-14　钻孔新近系深部岩性参数

11902 钻孔			井检1钻孔		
埋深/m	层厚/m	岩性	埋深/m	层厚/m	岩性
97.75	324.50	黏土	22.25	327.56	黏土
2.00	326.50	砾石	2.93	330.49	黄土
7.25	333.75	砂质黏土	15.8	346.29	砂质黏土
4.50	338.25	砂砾	6.29	352.58	黏土夹砾石
43.75	382.00	黏土	9.17	361.75	黏土
9.50	391.50	砂质黏土	43.29	405.04	砂质黏土
2.75	394.25	砾石	3	408.04	粉砂
11.50	405.75	黏土	26.92	434.96	砂质黏土
9.25	415.00	砂质黏土	21.13	456.09	黏土
18.75	433.75	黏土	4.55	460.64	砂质黏土
3.25	437.00	黏土夹砾石	5.5	466.14	黏土
12.00	449.00	黏土	1.6	467.74	砂质黏土
16.69	465.69	砂质黏土	4.03	471.77	粉砂(夹砂)
2.95	468.64	粉砂(夹砂)	9.87	481.64	砂质黏土(底黏)
15.47	484.11	砂质黏土(底黏)	4.36	486	黏土(底黏)
2.08	486.19	中粒砂岩	19.13	505.13	砂质黏土(底黏连)
12.69	498.88	中粒砂岩	14.8	519.93	泥岩

表 2-15　地面孔位置及所揭露的新近系"二隔"夹砂和底黏厚度表

孔号	位置坐标		夹砂厚度/m	底黏厚度/m
	X	Y		
11701	2025351.687	3390650.084	细砂 4.25+砾石 7.25	53.74
11901	2025449.407	3389656.2	细砂 2.25	27.48
11902	2024373.596	3389657.75	粉砂 2.95	15.47
12205	2023873.763	3389547.744	砾石 6	37.15
6401	2023504.515	3389478.679	砾石 4	41
井检 1	2023386.533	3390414.998	粉砂 4.03	33.36
西 1	2023393.915	3390599.068	中砂 2.17	33.02
SD-01	3920291	38467343	砾石 4.3	38

3. 新近系地层对采煤影响分析

赵固一矿基岩厚度薄、煤层厚度大,因此新近系松散地层的含、隔水性对矿井安全生产影响大。

1) 夹砂砾为弱富水性含水层

根据地质报告底部砾石为古河床相,其含水层主要分布在勘探区西、东部,由砾石、砂砾石组成,富含泥质或夹有黏土薄层,半固结状态,厚度为 2.6~28.70m,其渗透率介于含水与弱透水之间,属弱富水性含水层。不会造成淹矿和淹工作面的事故,主要是防止溃砂。

2) 厚层底黏

通过以上综合分析认为:①各地面钻孔所揭露的第四系、新近系底黏厚度大,厚度为 15.47~53.74m,并且工作面施工大量仰上孔探测风化带含水层和底黏,表明底黏普遍存在,大于二₁煤的厚度。②通过土工试验表明,底黏黏土塑性指数大于 17,液性指数小于 0.25 时,黏土的工程性质接近于泥岩强风化带,为隔水性良好的、半固结状态的黏土和铝质黏土。该黏土可有效阻隔上覆砂砾含水层水的下泄和向矿井溃砂,可以作为露头安全煤岩柱的保护层。

赵固一矿第四新近系底部厚层黏土-弱富水性砂砾-厚层黏土的结构,符合 2000 年煤炭工业部制定的《建筑物、水体、铁路及主要井巷煤柱留设与压煤开采规程》(以下简称《三下规程》)第 50 条表 4"底界下为稳定的厚黏土隔水层或松散弱含水层的松散层中、上部孔隙弱含水层",允许采动等级为Ⅲ,允许导水裂隙带进入松散层孔隙弱含水层,同时允许垮落带波及该弱含水层。

根据《三下规程》,当确定赵固一矿井田内底黏厚度大于 2 倍二₁煤厚度时,留设防塌安全煤岩柱;当底黏厚度小于 2 倍煤厚时,留设防砂安全煤岩柱。

2.4.2　二₁煤顶板岩层结构特征

1. 薄基岩特征

赵固一矿主采煤层二₁煤与新近系地层距离近。由表 2-16 可见：基岩厚 13.87～68.41m，厚度薄。二₁煤厚 5.94～6.59m，基岩厚度与煤厚之比为 2.21～10.67。该类型基岩由于受风化带的影响大，可能难以形成组成结构的关键层。原生节理、裂隙十分发育，实际生产发现岩层极不稳定，架前漏冒严重，岩巷揭露不稳定等特点。基岩柱薄又为近水平或缓倾斜煤层，因此露头安全保护煤岩柱比例大。

表 2-16　赵固一矿煤层顶板基岩厚度

孔号	松散层厚度/m	二₁煤顶板深度/m	基岩总厚/m	二₁煤厚/m	基岩厚度与煤厚之比
11701	427.49	478.71	51.22	6.35	8.07
11901	442.73	456.60	13.87	6.28	2.21
11902	484.11	526.31	42.20	6.10	6.92
12205	493.90	516.70	22.80	6.00	3.80
6401	518.85	564.60	45.75	5.94	7.70
井检 1	505.13	572.24	67.11	6.59	10.18
西 1	497.71	566.12	68.41	6.41	10.67

2. 二₁煤基岩特征

赵固一矿二₁煤顶板基岩主要由砂岩、砂质泥岩、泥岩等组成，其特征如下：

（1）顶板 0～20m 段的砂岩所占比例为 66%，泥岩 34%；20～40m 段的砂岩所占比例为 36%，泥岩 64%；40～60m 段的砂岩所占比例为 46%，泥岩 54%。为下硬上软类型。属中硬覆岩，但是由于风化带的影响，岩体强度减弱。

（2）每段基岩均有一定厚度的隔水性较高的黏土，有利于减少工作面涌水量。

3. 二₁煤顶板砂岩含水层富水性及对采煤影响分析

据抽水资料，顶板砂岩渗透系数 $k < 0.12 \text{m/d}$，属弱富水性含水层。井检 1 孔抽水单位涌水量 0.000736L/s·m，渗透系数 0.00858m/d，水位标高 +84.51m。邻区钻孔抽水单位涌水量 0.0159L/s·m，属弱富水性含水层。水化学类型 HCO_3-Ca·Mg 型，矿化度 0.313～0.43g/L，pH 为 7.7～7.96。

为了探明二₁煤顶板岩层结构和含水情况，从而对采煤安全性进行全面的分析，在东一盘区 11011 工作面上下顺槽顶板相应位置共施工了 18 个二₁煤顶板探查钻孔，钻孔垂直深度均在 37.8～58.8m 范围内，钻孔充分穿透了顶板基岩段，进入第四新近系底黏段,对深入研究二₁煤顶板基岩岩性、含水性以及隔水性能具有重要的作用。

(1) 施工的 18 个二₁煤顶板探查钻孔遍布于东一盘区二₁煤 11011 工作面上下顺槽,所以通过对这些资料整理获得的信息具有比较强的代表性。

(2) 这些孔的垂直深度范围为 37.8～58.8m,钻孔孔底穿透二₁煤顶板基岩段,部分进入第四新近系底黏段,充分验证了前面提到的赵固井田新近系厚层底黏普遍存在的说法。

(3) 通过对顶板孔出水垂直深度、涌水量数据整理分析(表 2-17),出水点垂深范围为 25.06～48.79m,与综合柱状图对比发现二₁煤顶板砂岩含水层并没有明显涌水现象,涌水深度范围属于二₁煤顶板基岩风化带砂岩段,涌水量为 0.2～15m³/h,大多数在 5m³/h 左右,涌水量最大值为 15m³/h,出现在 TC7-1 孔垂深为31.18m 的位置。

由上可见,二₁煤顶板砂岩含水层含水少,对工作面开采影响小,不会造成严重水患,可以采取工作面边采边疏的方法,疏干该含水层。

表 2-17　11011 工作面顶板孔出水垂直深度、涌水量数据表

孔号	TC5-12	TC5-7	TC5-4	TC3-2	TC9-7	TC6-7
出水垂深/m	32.69	41.72	43.84	48.79	25.06	46.92
涌水量/(m³/h)	13	3	1.2	2	2	4
出水源分析	风化带	风化带	风化带	风化带	风化带	风化带
孔号	TC9-2	TC10-2	TC10-6	TC7-1	TC5-2	TC3-2
出水垂深/m	34.52	39.08	44.55	31.18	46.67	43.49
涌水量/(m³/h)	3	1.7	10	15	5	7.2
出水源分析	风化带	风化带	风化带	风化带	风化带	风化带
孔号	TC7-4	2-1	7-1	8-1	9-1	10-1
出水垂深/m	44.99	40.31	25.71	26.77	38.97	38.18
涌水量/(m³/h)	3	3.6	0.5	1	0.2	2
出水源分析	风化带	风化带	风化带	风化带	风化带	风化带

4. 二₁煤基岩风化带岩层富水性及对采煤影响分析

仰上孔资料表明,二₁煤顶板以上为 36.8～50.9m 厚的粉砂岩、砂岩互层,基岩风化带岩层均以泥岩类岩层为主,厚度一般为 20～35m。

二₁煤顶板以上为 36.8～50.9m 厚的粉砂岩、砂岩互层,继续往上是新近系松散层底部黏土层,基岩柱中泥岩所占比例较大,基岩风化带占一定比例,并且基岩柱越小,风化带所占比例越大,岩石遭风化以后,强度有所降低,特别是泥岩,风化后,强度降低幅度较大。当基岩柱尺寸较小,特别是在露头附近,风化带在基岩柱中所占比例较大时,对覆岩的软化效应更加明显。

基岩风化带由隐伏出露的各类不同岩层组成,厚度 15～50m,一般 20～35m。除石灰岩风化带含水外,其他砂岩、砂质泥岩等岩层渗透系数 $k<0.01$m/d,单位涌水量 0.0000826L/s·m,属于弱含水层。隔水层局部为弱透水层($k<1.12$m/d)。

开采浅部煤层时,风化带对于导水裂隙带发育高度的抑制作用较为明显。在防水(砂)煤柱尺寸直接决定上覆含水层对采煤工作面的充水影响。泥质胶结的风化砂岩具有一定的隔水性,而钙质、硅质胶结的风化砂岩隔水性较差,而且无再生隔水性。东一盘区二$_1$煤 11011 工作面顶板仰上孔所揭露的基岩风化带岩性特征及涌水量统计数据和 11011 工作面开采过程无明显涌水,说明该区基岩风化带砂岩含水层富水性弱,对水体下采煤影响不大,不会造成严重水患。

第3章 薄基岩煤层开采工作面矿压显现规律

特厚松散层薄基岩煤层开采属于特殊地质条件开采。特厚松散层主要由第四系和新近系的松散层组成,其中含有一层或者多层具有一定厚度的砂砾层,往往这些砂砾层具有较好的富水性。当这些砂砾层位于松散层底部时,在采动影响下由于基岩较薄,裂隙带有可能波及该砂砾层,导致工作面发生突水、溃砂事故。同时,由于基岩较薄,可能不能形成有效的承载结构,工作面压力大,造成支护困难,影响工作面安全生产。因此,研究采动影响下特厚松散层薄基岩顶板破坏机理,对于保证工作面安全生产具有重要意义。本章从实验室相似模拟试验入手,结合矿山压力显现规律现场观测,分析薄基岩煤层顶板破坏特征,得出薄基岩煤层开采工作面矿山压力显现规律。

3.1 薄基岩煤层开采顶板破坏规律试验

3.1.1 相似原理与相似材料

1. 相似原理

物理模拟主要是用来研究各类岩体工程在载荷作用下的变形、位移与破坏规律。属于这类方法的有相似材料模拟、离心模拟、底摩擦模拟等,其中以相似材料模拟为主。矿山压力室内相似材料模拟是用来模拟现场开采环境下的原型应力、位移、变形。主要目的是通过模拟再现现场开采时出现的各种矿压特征,准确地把握采场矿压显现规律,为矿井的开采提供科学的矿压资料,用于指导生产[159]。

相似理论实际上就是试验模型与试验原型之间需要满足的相似性质和规律,包括三个相似定律。

相似第一定律:研究两个研究对象所发生的现象,若在其所有对应的点上均满足以下两个条件,称此两现象为相似现象。

条件1:相似现象各对应的物理量之比是常数,称为"相似常数"。具体矿压方面的应用,模型与原型应存在三个方面的相似:几何相似、运动相似、动力相似。

条件2:凡属相似现象,都可以用同一个基本方程式描述,即模型与原型之间各对应量所组成的数学物理方程相同。

相似第二定律:认为约束两相似现象的基本物理方程通过量纲分析的方法可以转换成相同的 π 方程。

相似第三定律:若单值条件和主导相似判据完全相同,则两现象才互相相似。该定律解答了怎样才能使两现象互相相似。

主导相似判据是指在系统中具有重要意义的物理常数和几何性质所组成的判据。

依据相似理论,可以利用相似材料进行相似材料模拟实验研究。相似材料模型依其相似程度的不同分为两种:一种是定性模型,主要目的是通过模型定性地判断原型中发生某种现象的本质或机理,或者通过若干模型了解某一因素对井下所产生的某种典型地压现象的影响。另一种是定量模型,要求主要的物理量都尽量满足相似常数与相似判据。

根据相似理论,欲使模型与实体原型相似,必须满足各对应量成一定比例关系及各对应量所组成的数学物理方程相同,具体在矿压方面的应用,要保证模型与实体在以下三个方面相似。

(1) 几何相似。要求模型与实体几何形状相似。为此需满足长度比为常数,即

$$a_L = \frac{L_p}{L_m} \tag{3-1}$$

(2) 运动相似。要求模型与实体原型所有对应的运动情况相似,即要求各对应点的速度、加速度、运动时间等都成一定比例。所以,要求时间比为常数,即

$$a_t = \frac{t_p}{t_m} \tag{3-2}$$

(3) 动力相似。要求模型和实体原型的所有作用力相似。矿山压力要求容重比为常数,即

$$a_\gamma = \frac{\gamma_p}{\gamma_m} \tag{3-3}$$

在重力和内部应力的作用下,岩石的变形和破坏过程中的主导相似准则为

$$\frac{\sigma_m}{\gamma_m L_m} = \frac{\sigma_p}{\gamma_p L_p} \tag{3-4}$$

各相似常数间满足下列关系,即

$$a_\sigma = a_\gamma a_L \tag{3-5}$$

式中,L、t、γ、σ 分别为模型尺寸、试验时间、材料容重和应力;p、m 分别为实体原型和模型;a_σ 为应力(强度)相似常数。

2. 相似材料

构建试验模型的相似材料是模拟实体原型,其物理力学性质应满足的基本要

求包括以下几个方面[160]。

（1）主要力学性质与模拟的岩层或结构相似。如模拟破坏过程时,应使相似材料的单轴抗压与抗拉强度相似于原型材料。

（2）试验过程中材料的力学性能稳定,不易受外界条件的影响。

（3）改变材料比,可调整材料的某些性质以适应相似条件的需要。

（4）制作方便,凝固时间短,材料来源广泛。

相似模拟材料通常由几种材料配制而成,组成相似材料的原材料可分为骨料和胶结料两种。骨料在相似材料中所占的视密度较大,其物理力学性质对相似材料的性质有重要的影响。骨料主要有砂、尾砂、黏土、铁粉、锯末、硅藻土等,本试验骨料采用洁净细砂。胶结料是决定相似材料性质的主导成分,其力学性质在很大程度上决定了相似材料的力学性质,常用的胶结料主要有石膏、水泥、石灰、水玻璃、碳酸钙、树脂等。根据试验及地质成分,本试验胶结料采用石灰和石膏。

3.1.2　模型设计

本试验主要研究的是综合机械化开采的薄基岩煤层开采中采场上覆岩层破坏、运移规律、位移的变化规律,同时模拟工作面回采期间的矿压显现规律以及建立沿走向顶板形成的结构力学模型。

由相似主导准则可推导出原型与试验模型之间不同相似比情况下强度参数的转化关系,即

$$[\sigma_c]_M = \frac{L_M}{L_H} \times \frac{\gamma_M}{\gamma_H} \times [\sigma_c]_H \tag{3-6}$$

式中,$[\sigma_c]_M$、$[\sigma_c]_H$分别为模型和实体岩石的单轴抗压强度。

根据现场地质资料、实验室试验及上述转化关系公式,得到11011工作面煤岩层的试验模型物理力学参数见表3-1。

表3-1　11011工作面煤岩层的试验模型物理力学参数

岩性	单轴抗压强度/MPa	自然体密度/(g/cm³)	模型抗压强度/MPa	模型材料密度/(g/cm³)
泥岩	18.4	2.7	0.115	1.6
砂质泥岩	74.06	2.6	0.463	1.6
中粒砂岩	103	2.8	0.644	1.6
煤	13.9	1.4	0.087	1.6
黏土	5.3	2.4	0.033	1.6

通过计算已得的模型物理力学参数,选择骨料及胶结料进行配比试验,选定与计算参数一致的配比,满足相似要求见表3-2。表3-3为模型铺设分层材料用量。

表 3-2　岩层材料配比及力学参数（1∶100）

岩性	模拟抗压强度/MPa	模拟容重/(g/cm³)	配比号	配比材料	骨料∶胶结料	石灰∶石膏（石灰∶土）
黏土	0.033	1.60	11∶1∶0	细砂∶石灰∶石膏	11∶1	
泥岩	0.115	1.60	8∶6∶4	细砂∶石灰∶石膏	8∶1	3∶2
砂质泥岩	0.463	1.60	9∶8∶2	细砂∶石灰∶石膏	9∶1	4∶1
砂岩	0.644	1.60	8∶5∶5	细砂∶石灰∶石膏	8∶1	1∶1
煤	0.087	1.60	9∶6∶4	细砂∶石灰∶石膏	10∶1	3∶2

表 3-3　模型铺设分层材料用量

层号	岩性	层厚/cm	分层及厚度/m	每分层总质量/kg	配比/kg	每分层用砂量/kg	每分层用灰量/kg	每分层用膏量/kg	每分层用水量/kg
1	黏土	70	35×2	9.21	11∶1∶0	8.45	0.77	0	0.74
2	砂岩	13	6×2.17	10	8∶5∶5	8.86	0.57	0.57	0.80
3	砂质泥岩	5	3×1.67	7.68	9∶8∶2	6.91	0.62	0.16	0.61
4	砂岩	3	2×1.5	6.91	8∶5∶5	6.14	0.39	0.39	0.56
5	砂质泥岩	2.5	1×2.5	11.52	9∶8∶2	10.36	0.93	0.23	0.92
6	砂岩	3.5	2×1.75	8.1	8∶5∶5	7.2	0.45	0.45	0.65
7	泥岩	2.3	1×2.3	10.6	10∶9∶1	9.64	0.86	0.10	0.85
8	砂质泥岩	2.2	1×2.2	10.14	9∶8∶2	9.12	0.82	0.2	0.81
9	砂岩	13	6×2.16	10	8∶5∶5	8.86	0.57	0.57	0.80
10	砂质泥岩	1.3	1×1.3	6	9∶8∶2	5.4	0.48	0.12	0.48
11	煤层	6	2×3	9.21	9∶6∶4	8.3	0.55	0.37	0.74
12	砂质泥岩	4	2×2	9.21	9∶8∶2	8.3	0.74	0.18	0.74

　　本试验采用中国矿业大学（北京）的二维模拟试验台，试验台长×宽×高＝1800mm×160mm×1300mm。数据采集与分析系统为7V14数据采集系统、数据分析系统、结果输出系统，高灵敏应变片60个，加载采用液压千斤顶、压力表及金属配重块，电子经纬仪及数码照相机各一架。

　　赵固一矿实际工作面距地表的高度平均为580m，模拟时取580m来设计。模拟方案定为1∶100，模型铺设高度为1040mm，模拟顶板岩层高度为66m，剩余514m的高度采用模拟加压装置来产生负重。上覆岩层模型的容重为$2.5×10^4 N/m^3$，514m的深度产生的应力：

$$\sigma = \gamma h = 514 × 2500 = 12.85 × 10^5 \, kg/m^2 = 12.85 MPa$$

根据模型的尺寸,以及预定比例,实际加载负重为

$$F = \sigma \cdot s/a_\sigma = \sigma \cdot s/a_L \cdot a_\gamma = 12.85 \times 10^6 \times 0.16 \times 1.8/160 = 23.13 \text{kN}$$

各准备工作完后,设定相似时间为

$$\alpha_t = \sqrt{\alpha_L} = \sqrt{100} = 10$$

模型设计方案中,为了反映和分析开采过程中煤岩层应力的变化规律,沿工作面走向模型在煤层、直接顶和基本顶岩层中分别设置了测量应力的基点,采用高灵敏度的光电应变片测量,每层布置基点 12 个,平均间距 15cm,煤层基点布置在距工作面底板 5cm 位置,直接顶及基本顶均布置在相应岩层的中部位置。同时,在模型正面的不同岩层层位设置了位移观测基点,用电子经纬仪观测顶板岩层各点随开采过程的变化情况,真实准确地掌握上覆岩层的运移变化规律。沿工作面走向模型开采线前及停采线后各布置一排基点,共 17 排,排间距 10cm,沿顶板岩层方向布设 9 层,每层均匀布置,层间距 10cm;底层基点距煤层顶板 10cm,共计设置基点 153 个,基点布置如图 3-1 所示。

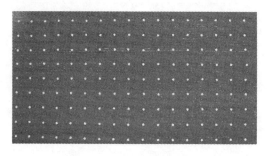

图 3-1　位移基点布置

沿工作面走向开采模拟试验,为了消除边界效应,模拟开采试验的开采线选定在模型正面距边界 10cm 位置,留设 10m 的边界,模拟开采时尽可能符合现场的实际开采情况,每次推进距离为 5cm,模拟相应的实际推进距离为 5m。

3.1.3 试验结果分析

1. 顶板运动规律

试验过程中,工作面推进到距切眼 35m 位置时,直接顶和基本顶开始出现初次垮落,垮落步距为 35m,初次垮落厚度为 5.3m,其中直接顶 1.3m,基本顶 4m,垮落长度 35m,此时上位岩层还没有出现离层现象,但是顶板出现明显的弯曲下沉现象,如图 3-2 所示。

开采到距切眼 45m 时,基本顶发生全部垮落,垮落步距为 45m。基本顶全部

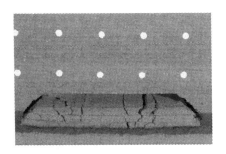

图 3-2　直接顶初次垮落

垮落后冒落岩石距采空区顶板的空洞高度为 4m,如图 3-3 所示。随着工作面继续向前推进,基本顶及上覆岩层逐渐出现裂隙和离层现象,当开采到 57.5m 时,采空区基本顶再次垮落,垮落长度为 12.5m,垮落时基本顶沿垮落角切顶线全部垮落,基本顶层没有未垮落的悬臂岩层,为基本顶第一次周期来压,周期垮落步距为 12.5m,如图 3-4 所示。试验表明,基本顶第一次周期垮落步距较短,是因为直接顶的厚度小,开采时支承压力主要作用于直接顶岩层和基本顶,对基本顶岩层的影响较大,造成基本顶在煤壁前方的断裂破坏充分,从而第一次周期垮落步距较小。

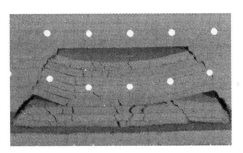

图 3-3　基本顶初次垮落

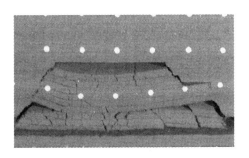

图 3-4　基本顶第一次周期来压

随工作面继续推进,采到 57.5m 位置时基本顶出现第二次周期垮落,垮落步距为 12.5m,到 65m 位置时基本顶第三次周期垮落,垮落步距为 7.5m,随后的开采过程,基本顶来压平缓,来压步距基本保持在10m左右,说明基本顶岩层在第三次周期垮落开始,进入平稳来压阶段,图3-5为多次周期垮落示意图。工作面推进到距切眼115m位置停止开采,图3-6为停采后最终垮落示意图,岩层垮落形态呈倒台阶状,垮落前后形状对称,垮落角为60°左右,顶部垮落长度为50m。

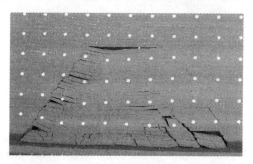

图 3-5　基本顶多次周期垮落示意图

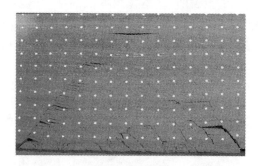

图 3-6　停采后最终垮落示意图

2. 顶板应力变化规律

图3-7为工作面推进140m时顶板应力变化曲线,其中20m、40m分别为测点距离煤层顶板的距离。从图3-7(a)可以看出,沿着煤层推进方向,顶板中的应力变化具有明显的分区特征,根据应力变化可以将其分为稳定区、缓慢增高区、明显增高区和降低区。

(1)稳定区。由于开采刚刚开始,煤壁距离测点较远,采动对测点周围岩体的影响较小,应力变化较小,基本上未增大或者减小。

(2)缓慢增高区。随着开采向前推进,煤壁距测点距离越来越近,采动对测点周围岩体的影响逐渐明显,应力逐渐升高,但此时增高速度较慢。

(3)明显增高区。随着开采继续前进,煤壁接近测点,采动超前支承应力迅速增高,并快速达到最大值。

（4）降低区。当工作面推进距离超过测点时,测点位于采空区上方,应力明显降低,但随着距煤壁距离的增加,采空区逐渐被压实,应力逐渐增高。

图 3-7(b)表示当工作面推进 140m 时,在工作面的走向方向,距离煤层 20m、40m 的顶板岩层应力变化曲线。在开切眼的后方和工作面前面一定范围内的未开采煤层围岩中均存在应力增高区,而在采空区后方的一定层位内岩体应力基本变化趋势不大,基本保持在高应力状态,这说明在煤层围岩体中存在一动态的压力拱结构,该结构主要是承担上覆岩体的载荷和压力,是采场主要的承载体。因此,当上方基岩较薄或者比较松软破碎时,不能形成压力拱结构,就会造成工作面压力较大,来压剧烈。

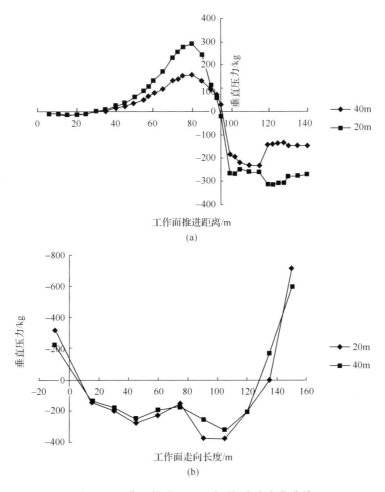

图 3-7　工作面推进 140m 时顶板应力变化曲线

3. 顶板垂直位移规律

通过观测,由于岩层之间岩性的差异,上覆岩层的位移变化是分组进行的,岩性相近的岩层由于发生弯曲变化时,两者挠度差异很小,因此不会出现层与层之间的离层现象,但对于层间岩性差别较大的岩层,则会由于两者挠度差异较大,会出现明显的离层现象,在这种情况下,上覆岩层的移动分组就较为明显。图3-8为同一垂线上不同层位测点下沉曲线,根据上覆岩层的垂直位移特征可以将其划分为以下几个阶段。

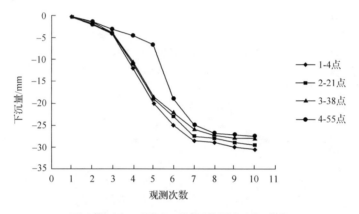

图 3-8　同一垂线上不同层位测点下沉曲线

(1) 起始阶段。在开采的初期,顶板尽管有垂直位移增量,但由于受到两侧煤壁的支撑,位移量很小。

(2) 活跃阶段。随着工作面的继续向前推进,煤壁对顶板的支撑作用减弱,并逐渐消失,直接顶发生垮落,基本顶悬露跨度不断增加,并发生弯曲下沉,顶板垂直位移量增大。

(3) 跳跃阶段。基本顶随着悬露跨距的增加,在自身质量和上覆载荷的双重作用下,基本顶发生断裂,产生周期来压现象,下沉速度和下沉量迅速增加。但此时松散层(4-55点)并未发生跳跃性变化,覆岩出现离层现象。

(4) 衰减稳定阶段。当顶板下沉到一定程度时,在冒落矸石的支撑下,顶板下沉速度迅速降低。该阶段,下层位岩层的下沉速度小于上层位岩层的下沉速度,出现离层现象,但随着工作面的推进,上覆岩层的下沉速度逐渐一致,最后稳定在30mm左右。该阶段是采空区重新压实阶段,应力得以重新分配。

图3-8中,点1-4、2-21和3-38均布置在基岩中,而点4-55布置在松散层中,从图中可以看出,由于松散层和基岩的岩性差异造成了离层。同时,从图中可以看出,随着距离煤的增加,下沉量逐渐降低。

4. 覆岩破坏形态

通过试验发现,厚松散层薄基岩煤层进行开采时,由于顶板较为坚硬,但同时顶板基岩较薄和松散层较厚(大于 500m),顶板的稳定性较差,周期来压步距较小,现场观测也说明了这一点。在顶板岩层冒落的发生发展过程中,覆岩的下沉量较大,开采空间和冒落下来的岩层自身空间由于覆岩的下沉而不断缩小,因此冒落过程得不到充分的发展,岩层开裂后在上覆岩层载荷的作用下又发生闭合,尤其是基岩上部的松散层由于强度较低,在覆岩载荷作用下更易发生闭合,直接影响了裂隙带的延伸和扩散。因此导水裂隙带发育到基岩与松散层交界面时,由于受到软弱松散层的抑制,覆岩破坏之后形成的"马鞍形"形态会随之消失,如图 3-9 所示。

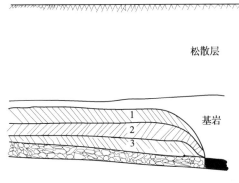

图 3-9 覆岩破坏特征及分布形态

开采过程中,采空区上方覆岩形成了形态不明显的"马鞍形"冒落带和裂隙带。开采过后,冒落带高度大约为 15m,垮采比为 4.3。裂隙带高度为 32m,裂采比为 9.15。

3.2 薄基岩煤层综采矿压显现规律观测

3.2.1 观测内容与方法

1. 工作面阻力观测

通过对工作阻力的观测找出工作面的来压规律,即初次来压与来压步距、周期来压与来压步距,并且对工作面支架的可靠性进行研究[161]。

测量方法是在工作面设置上、中 1、中 2、下四个测区,上、下测区各观测 3 架液压支架,中间两个测区分别观测 4 架液压支架,如图 3-10 所示。数据由连续记录仪记录,专用采集器收集数据。支护面积用皮尺每隔 3 天量一次测区上下十架支护面积,长为 1～10 架中间距,宽为煤壁至顶梁与掩护梁连接处。

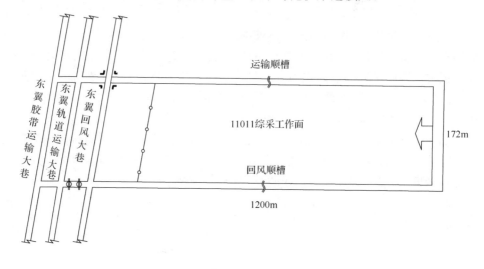

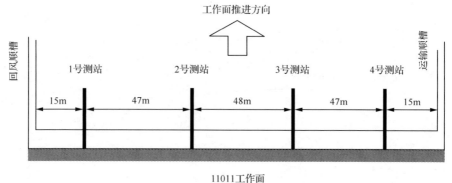

图 3-10　工作面测站布置图

2. 巷道围岩位移量

通过观测巷道顶底板移近量和两帮移近量的变化,找出顶底板与两帮移近量的规律,并画出顶底板与两帮移近量和移近速度与离工作面距离的关系曲线。

测站设置,在风巷设置两个测站,沿切眼向外,每隔 10～15m 设置一组两个观测断面,共设 20 个断面。巷道围岩位移及底臌观测采用十字布点法,如图 3-11 所示,位移测量所用仪器为 5m 卷尺,测站设置好后,用卷尺测其初始值,然后每天测量一次,并记录数据。

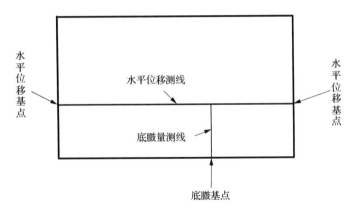

图 3-11　顺槽位移测试断面图

3. 底压比观测

底板比压仪分为静压式和冲击式两种,本次测试采用 BPN 型内注式静压比压仪,根据底板强度,选用 ϕ100mm 的压模。BPN 型内注式比压仪由柱体、压力表和压模等组成,通过注液枪加载测试压力和压入量。测试时要找平顶板、清除测点处浮煤,根据顶底板间距调节单体柱高度并固定,使比压仪与顶底板垂直,加压使单体柱顶盖与顶板挤紧,保持稳定,此时记下压力表的初始读数和单体柱活柱伸长量的初值,再逐渐加载,记录压模对底板的压力和压入深度,绘出关系曲线,找出分层破坏的临界点(拐点),求出该点的极限抗压入强度(即极限比压)和刚度系数及建议底板允许比压。

底板比压计算公式为

$$q_{mi} = q_i (D/d_m)^2 \tag{3-7}$$

式中, q_{mi} 为第 i 次加压时压模下的底板比压值,MPa; q_i 为第 i 次加压时油压表的显示值,MPa; D 为比压仪油缸内径,mm; d_m 为比压仪底座压模直径,mm。

压模压入底板深度的计算公式为

$$h_i = H_i - H_0 \tag{3-8}$$

式中, h_i 为第 i 次加压时压模压入底板总量,mm; H_i 为第 i 次加压时仪器压入深度观测值,mm; H_0 为初撑操作时仪器上初始深度观测值,mm。

底板刚度系数计算公式为

$$K_m = q_m / h_m \tag{3-9}$$

式中, K_m 为测定底板的刚度系数,MPa/mm; q_m 为底板各分层极限比压,MPa; h_m 为极限比压所对应的压入量,mm。

底板容许比压是指避免支柱钻底而确定的支柱底座对底板的最大比值,即

$$q_z = c q_m \tag{3-10}$$

式中,q_z 为底板容许比压,MPa;c 为安全系数,一般取 0.75;q_m 为底板实测底板比压,MPa。

底压比观测位置设在东总回风巷和东通风行人联络巷。

3.2.2　观测结果分析

1. 工作面观测结果分析

工作面设置下(1 号)、中 1(2 号)、中 2(3 号)、上(4 号)四个测区,下测区观测 3 架,分别是 107 架、106 架、105 架。中 1 测区观测 4 架,分别是 75 架、74 架、73 架、72 架。中 2 测区观测 4 架,分别是 46 架、45 架、44 架、43 架。上测区观测 3 架,分别是 12 架、11 架、10 架。每架安设一台 YHY60(B)数字压力计。

下巷距开切眼 25m、45m、65m、115m 分别设置了下巷 1 号站、2 号站、3 号站、4 号站,观测巷道的表面位移。

1) 工作面下测站支架工作阻力

支架工作阻力是反映工作面支护性能和支护效果的重要指标,工作阻力分析主要讨论支护阻力的大小、分布规律,以及影响支护阻力的主要因素等。

从图 3-12 可以看出观测期间工作面下测站经历了一次直接顶垮落、一次初次来压和六次周期来压。

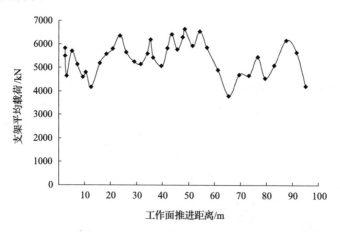

图 3-12　下测站支架平均载荷曲线

2) 工作面中 1 测站支架工作阻力

中 1 测站支架平均载荷随工作面推进变化曲线如图 3-13 所示。从图 3-13 可

以看出观测期间工作面中 1 测站经历了一次直接顶垮落、一次初次来压和六次周期来压。

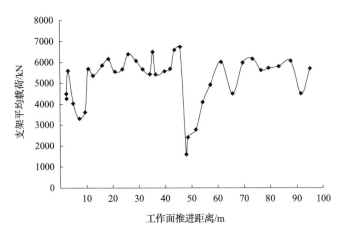

图 3-13　中 1 测站支架平均载荷曲线

3）工作面中 2 测站支架工作阻力

中 2 测站支架平均载荷随工作面推进变化曲线如图 3-14 所示。从图 3-14 可以看出观测期间工作面中 2 测站来压比较频繁。

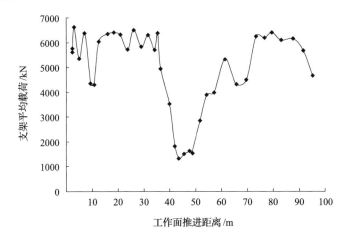

图 3-14　中 2 测站支架平均载荷曲线

4）工作面中上测站支架工作阻力

上测站支架平均载荷随工作面推进变化曲线如图 3-15 所示。从图 3-15 可以看出观测期间工作面上测站来压比较频繁。

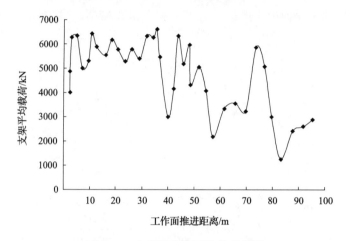

图 3-15　上测站支架平均载荷曲线

5）工作面下、中 1、中 2 及上测站支架工作阻力总体分析

工作面支架平均载荷随工作面推进变化曲线如图 3-16 所示。从图 3-16 可以得出工作面直接顶初次垮落步距为 7m 左右，初次来压步距为 22m 左右，周期来压步距为 7～10m。

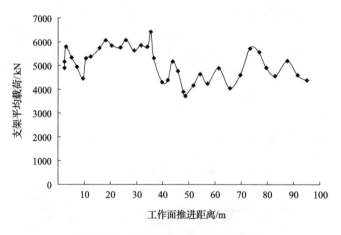

图 3-16　工作面支架平均载荷曲线

从表 3-4 可以得出，后柱的初撑力和末阻力大于前柱的初撑力和末阻力，平均初撑力占额定初撑力的 66.4%，说明工作面的初撑力偏小。平均末阻力占额定工作阻力的 87.9%，且在支柱达到末阻力时安全阀开启频繁，支架的额定工作阻力偏小。

表 3-4　工作面液压支架支护阻力变化情况

支架	后柱			前柱			整架	
	初撑力平均/MPa	末阻力最大/MPa	末阻力平均/MPa	初撑力平均/MPa	末阻力最大/MPa	末阻力平均/MPa	初撑力平均/kN	末阻力平均/kN
107	21.69	38.91	32.7	20.92	40	28.92	4181	6046
106	24.13	37.03	33.46	22.02	40.09	32.54	4528	6476
105	25.95	38.91	34.2	23.44	37.27	31.91	4846	6487
75	20.47	37.97	30.57	19.67	39.14	29.33	3939	5877
73	18.76	37.5	30.32	18.41	37.03	28.14	3647	5736
72	18.77	38.44	28.44	19.62	36.8	28.03	3767	5541
46	18.15	37.73	27.57	15.92	37.27	27.45	3343	5399
45	20.78	37.5	30.99	18.7	37.73	29.36	3874	5922
44	23.37	37.03	29.11	18.05	36.33	27.37	4064	5542
11	23.02	36.33	32.35	21.98	37.5	31.78	4415	6292
10	22.21	36.56	32.64	23.22	37.5	32.91	4458	6432
平均	21.57	37.63	31.12	20.18	37.88	29.79	4097	5977
最大	25.95	38.91	34.2	23.44	40.09	32.91	4846	6487

2. 工作面下风巷观测分析

下风巷测站 1、2、3、4 号测站表面位移曲线图分别如图 3-17～图 3-20 所示。从图中可以看出,工作面超前影响范围为 65m 左右,剧烈影响范围为 40m 左右,巷道变形受来压影响较大,两帮收缩量大于底臌量。

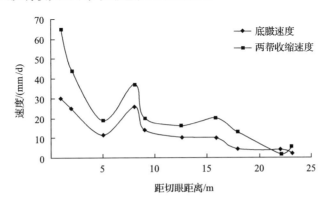

图 3-17　下风巷 1 号测站表面位移曲线

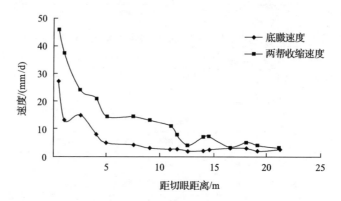

图 3-18　下风巷 2 号测站表面位移曲线

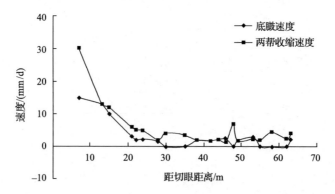

图 3-19　下风巷 3 号测站表面位移曲线

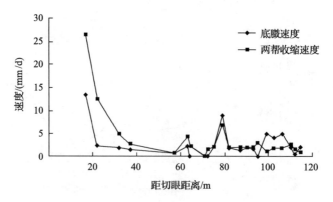

图 3-20　下风巷 4 号测站表面位移曲线

3. 底板比压观测结果分析

1）东总回风巷

测试时，东总回风巷已掘 140m，支护形式为锚网（索）喷支护，巷道顶板为岩，巷道及底板为煤。测试层位，煤层顶板上方 3m。在东总回风巷设 2 个测点，测点布置情况见表 3-5。

表 3-5　东总回风巷测点布置情况

点号	通尺/m	距北帮/m	水文条件	顶板状况	片帮情况	底板	压入量/mm
1	138	2.5	无	完整	无	煤	80
2	140	2.6	顶板淋水	完整	无	煤	80

根据现场测试数据，整理出比压测试特性曲线如图 3-21 和图 3-22 所示。

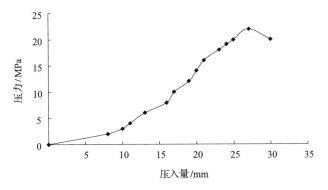

图 3-21　东总回风巷 1 号测点比压测试特性曲线

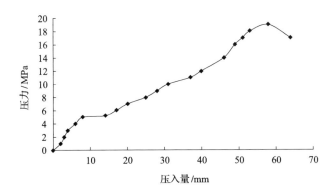

图 3-22　东总回风巷 2 号测点比压测试特性曲线

极限比压及刚度系数测试结果见表 3-6。

表 3-6　东总回风巷极限比压及刚度系数测试结果

点号	q_1/MPa	k_1/(MPa/mm)
1	22	0.81
2	19	0.33
平均值	20.5	0.57

该地点的底板极限比压为 20.5MPa，底板的刚度系数为 0.57MPa/mm。底板允许比压为

$$q_c = cq_m = 20.5 \times 0.57 = 11.7\text{MPa}$$

2）东通风行人联络巷

测试时，东通风行人联络巷已掘 20m，支护形式为锚网喷支护，巷道顶板为岩，巷道及底板为煤。测试层位，煤层顶板下 3m。在东通风行人联络巷新掘地点处建 2 个测点，测点布置情况见表 3-7。

表 3-7　东通风行人联络巷测点布置情况

点号	距东回风偏口/m	距东帮/m	水文条件	顶板状况	片帮情况	底板	压入量/mm
1	15	0.5	无	完整	无	煤	80
2	16	0.5	无	完整	无	煤	80

根据现场测试数据，整理出比压测试特性曲线图如图 3-23 和图 3-24 所示，测试结果见表 3-8。

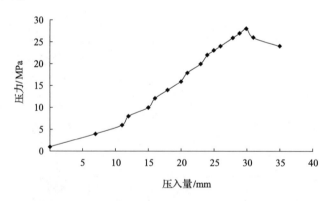

图 3-23　东通风行人联络巷 1 号测点比压测试特征曲线

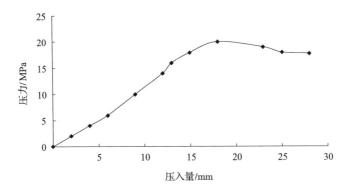

图 3-24　东通风行人联络巷 2 号测点比压测试特征曲线

表 3-8　东通风行人联络巷极限比压及刚度系数测试结果

点号	q_1/MPa	K_1/(MPa/mm)
1	28	0.93
2	20	1.11
平均值	24	1.02

该地点的底板极限比压为 24MPa,底板的刚度系数为 1.02MPa/mm。底板允许比压为

$$q_c = cq_m = 24 \times 1.02 = 24.48\text{MPa}$$

3）两地点平均底板比压

平均极限为

$$q_m = (20.5 + 24)/2 = 22.3\text{MPa}$$

刚度系数为

$$K_m = (0.57 + 1.02)/2 = 0.8\text{MPa/mm}$$

平均底板允许比压为

$$q_c = cq_m = 22.3 \times 0.8 = 17.84\text{MPa}$$

3.2.3　矿压观测的基本结论

（1）后柱的初撑力和末阻力大于前柱的初撑力和末阻力,平均初撑力占额定初撑力的 66.4%,说明工作面的初撑力偏小。平均末阻力占额定工作阻力的 87.9%,且在支柱达到末阻力时安全阀开启频繁,支架的额定工作阻力偏小。

（2）工作面直接顶初次垮落步距 7m 左右,初次来压步距为 22m 左右,周期来压步距为 7~10m。周期来压显现剧烈,煤壁片帮严重,说明该工作面支架与围岩的关系较差,工作面支架初撑力的选型未达到工作要求。

(3) 工作面超前影响范围为 65m 左右,剧烈影响范围为 40m 左右,巷道变形受来压影响较大,两帮收缩大于底臌。

(4) 底板平均极限比压为 22.3MPa,底板的平均刚度系数为 0.8MPa/mm,底板允许比压为 16.7MPa。

第4章　薄基岩煤层覆岩破坏裂隙演化特征

薄基岩煤层上覆岩层在采动过程中不断发生变化,覆岩中的裂隙不断发育,裂隙的分布和发育直接影响着岩体的力学行为,控制着水、瓦斯在其中的运移规律,并在一定程度上控制着上覆岩层的稳定性,因此研究覆岩裂隙破裂的演化规律对实现水体下安全开采、掌握覆岩运动规律等具有重要意义。分形岩石力学是近些年发展起来的一门新兴科学,它可以利用裂隙自身的自相似性很好地描述岩体中裂隙的发育过程,为研究覆岩破坏裂隙演化提供一种新的思路。本章从研究裂隙的几何参数、分形特征入手,研究薄基岩煤层上覆岩层在采动影响下裂隙演化的分形特征以及损伤演化的分形特征,以期探索一条研究覆岩破坏规律的新思路。

4.1　分形基本知识

4.1.1　分形

分形的英文单词 fractal 来源于拉丁文的 fractus,由 Mandelbrot 于 1975 年引入[162]。开始阶段国内对 fractal 的译法很多,如"碎片"、"碎形"、"分形维数"和"分维"等。近些年来,人们一直使用"分形"这一译法。

Mandelbrot 给出分形的第一个定义[163,164]:设集合 $F \subset R^n$ 的 Hausdorff 维数是 D。如果 F 的 Hausdorff 维数 D 严格大于它的拓扑维数 $D_T = n$,即 $D > D_T$,则称集合 F 为分形集,简称为分形。该定义判断集合是不是分形,只需要计算集合的 Hausdorff 维数和拓扑维数,但在实际应用中,一个集合的 Hausdorff 维数是很难进行测定的,这实际上限制了该定义的使用范围。

1986 年 Mandelbrot 又给出了自相似分形的定义[165]:局部与整体以某种方式相似的形叫分形。这一定义体现了大多数奇异集合的特征,尤其是反映自然界很广泛一类物质的基本属性:局部和局部、局部和整体在形态、功能、信息、时间与空间等方面具有统计意义上的自相似性。但该定义只强调了自相似性特征,因此也称为自相似性分形。

可以说目前还没有一个好的分形定义,因为人们对分形的定义有着不同的要求,数学家要求"严密"和"公理化",工程师们要求"简洁",物理学家要求"简洁"。现在数学家、物理学家和工程师们都在探讨和寻求一个能公认和普遍被人接受的分形定义。

Falconer 对分形提出了一个新的定义，即把分形看成是某些性质的集合，而不需要去寻找精确的定义，分形可以描述如下[166]：

如果 F 具有如下典型的性质，F 为分形：F 具有精细结构，即有任意小比例的细节；F 不规则，以至于它的局部和整体都不能用传统的几何语言进行描述；F 通常具有自相似的形式，可能是近似的或者是统计的；F 的分形维数大于它的拓扑维数；在大多数情况下，F 可以用非常简单的方法定义，可以由迭代产生。

4.1.2　分维

对欧氏空间中任意光滑（规则）的曲线，当用码尺 ε 去测量，总能得到：

$$L = N \cdot \varepsilon = \text{Constan}t \tag{4-1}$$

式中，N 为测量 L（长度）所需码尺 ε 量测的次数。然后，事实上很多自然事物图形是不规则的、粗糙的，并不能用上面简单的量测关系来表示。

对于不规则的自然事物图形，如海岸线的量测，其长度可以近似地表示为

$$L(\varepsilon) = L_0 \varepsilon^{1-D} \tag{4-2}$$

式中，L_0 为常数。

Feder 提出了可以把式（4-2）作为分形曲线的一种定义[167]：曲线的长度随码尺 ε 变化关系如果可以采用式（4-2）定义，则该曲线称为分形曲线，式（4-2）中的 D 为曲线的分维。该式表达的曲线在数学上具有分形的性质。在几何上，分形维数表现了曲线的"粗糙"程度，分形维数越大，曲线越弯折，越不规则；分形维数越小，曲线越光滑，也就是说分形维数的大小定量地表示了曲线的不规则程度。

上面使用的码尺法是分形量测中最早使用的方法，但不是最普遍的方法，而盒维数法是使用比较普遍的方法。盒维数法也叫覆盖法，即用码尺为 δ 的盒子覆盖一个分形集合所需要的盒子数目 N 码尺 δ 成负幂数关系，分维 D 可以表达为

$$D = \ln(N_{i+1}/N_i)/\ln(\delta_{i+1}/\delta_i) \tag{4-3}$$

式中，N_{i+1}，N_i，δ_{i+1}，δ_i 为任意两个尺度下所需的盒子数和码尺。

4.1.3　分形维数的计算方法

1. 容量维

若 $N(\varepsilon)$ 是能够覆盖住一个点集的直径为 ε 的小球的最小数目，则点集的容量维定义为

$$D_0 = -\lim_{\varepsilon \to 0} \ln N(\varepsilon)/\ln\varepsilon \tag{4-4}$$

由于容量维基本上是 Hausdorff 引入的广义维数定义,所以在许多实际问题中可以不考虑容量维与 Hausdorff 的细微差别,一律称为分形维数。

2. 信息维

在容量维定义中只考虑了所需要的 ε 个数,但未对每个球所覆盖的点数的多少加以区分,于是提出了信息维的定义:

$$D_0 = -\lim_{\varepsilon \to 0} \Big[\sum_{i=1}^{N} P_i \ln(1/P_i) \Big] \Big/ \ln\varepsilon \tag{4-5}$$

式中,P_i 为一个点落在第 i 个球中的概率。

当 $P_i = 1/N$ 时,$D_1 = D_0$,因此可以说信息维就是容量维的一个推广。

3. 关联维数

Grassberger 和 Procaccia 应用关联函数 C_ε 给出了关联维数的定义,即

$$D_2 = -\lim_{\varepsilon \to 0} \ln C_\varepsilon / \ln\varepsilon \tag{4-6}$$

式中,C_ε 为系统的一个解序列,也称为相关整数,若给定一组实测数据序列 $(x_1, x_2, \cdots, x_i, \cdots, x_N)$,则 C_ε 可以定义为

$$C_\varepsilon = \lim_{N \to 0} \frac{1}{N^2} \big[\mid x_i - x_j \mid < \varepsilon(x_i, x_j) \big] = \lim_{N \to 0} \frac{1}{N^2} \Big[\sum_{ij=1}^{N} \theta(\varepsilon - \mid x_i - x_j \mid) \Big] \tag{4-7}$$

式中,$\theta(x)$ 为 Heaviside 函数。

4. 广义维数

假定具有尺度 ε 的一些球的象空间的一个分割,并定义 $P_{i(\varepsilon)}$ 为一个点落在第 i 个球上的概率,Renyi 引入广义熵 $K_{q(\varepsilon)}(q = 0, 1, 2, \cdots, n)$ 为

$$K_{q(\varepsilon)} = \Big[\ln \sum_{i=1}^{N} (P_i)^q \Big] \Big/ (1 - q) \tag{4-8}$$

从而广义维定义为

$$D_q = -\lim_{\delta \to 0} K_{q(\varepsilon)} / \ln\varepsilon \tag{4-9}$$

显然,当 $q = 0, 1, 2$ 时,广义维就分别等于容量维、信息维和关联维。

5. 自相似维数

若集合 F 由与它相似的 N 个部分组成,并且相似比为 r_N,则该集合的自相似

维数可以定义为

$$D_s = -\ln N/\ln r_N = \ln N/\ln(1/r) \tag{4-10}$$

4.2　裂隙的几何参数

4.2.1　裂隙的几何特征

裂隙对岩体影响作用的定量研究是建立在对裂隙几何参数的量测基础上的,但是在实际研究中获得裂隙的几何参数是很困难的,主要采用概率统计的方法对岩体裂隙的分布和物理力学特征进行研究,并且取得了一些成果。目前对岩体裂隙的几何特征描述主要采用以下几个参数。

1. 裂隙形状

对于岩体中的裂隙来说,其形状是千差万别的,在研究中为模拟方便一般将裂隙的形状简化为圆形、多边形、椭圆形等几种基本的形状。

2. 裂隙产状

裂隙产状主要是指裂隙面的走向、倾向和倾角。走向指的是裂隙面在水平面上的延伸方向;倾向是指裂隙面上垂直于走向的方向,倾角是裂隙面上的倾斜线与其在水平面上投影之间的夹角。裂隙的产状一般都是随机的,可以采用概率积分来描述。

3. 裂隙长度

裂隙长度实际上是指裂隙开展的深度。对于裂隙长度并不能直接从现场量测得到,只能得到裂隙迹长,研究中也往往用裂隙迹长表示裂隙长度。裂隙迹长可以通过岩体表面的裂隙统计得到,并假定裂隙迹长服从一些经典的分布,如指数分布。Robertson 经过研究得出圆形的裂隙其裂隙迹长可以用指数分布很好地进行拟合,并且其分布主要依赖于裂隙的形状,若裂隙被假定为圆形或者正方形,那么只需要用直径或者边长一个参数进行表示。Warburton 通过研究得出了四边形的迹线长度若符合正态分布,则四边形的裂隙尺寸也符合正态分布。

4. 裂隙开度

裂隙开度就是裂隙张开的宽度。统计研究结果认为裂隙的宽度往往符合正态分布或者指数分布。在实际研究中,一般取裂隙开度的平均值,将所有的裂隙开度都认为是相等的。

5. 裂隙密度

裂隙密度是描述裂隙分布的主要指标,它包括线密度、面密度和体密度。线密度是指某一方向单位长度裂隙的个数,面密度是指岩体上单位面积内所有裂隙长度的综合,而体密度是指岩体单位体积内裂隙面的总面积。裂隙密度是表征裂隙分布特征和发育程度的重要指标。

6. 裂隙面粗糙度

裂隙面粗糙度是表征裂隙面特征的一个重要指标,是指裂隙面与理想状态下的平面相比所表现出来的不平的特点,但是该指标很难在实际观测中得到。

7. 裂隙强度

裂隙强度是指单位岩层内裂隙的数目,裂隙强度的大小直接影响岩体的强度大小,是表征岩体强度的重要指标。

8. 裂隙位置和间距

裂隙位置是表征裂隙分布特征的另外一个指标,一般用裂隙中心点的坐标或者裂隙迹线中心的坐标表示。单一的裂隙其位置并不重要,往往是有多裂隙条件下,裂隙之间的相对位置是影响岩体性质的重要因素,也就是说裂隙之间的间距将影响岩体性质。裂隙的位置可以是确定性的,也可以是随机的,在实际研究中主要根据采用的数学方法决定,如在泊松过程中,裂隙位置则是随机的,每个裂隙是均匀分布的,而在马尔代夫过程中,裂隙的定位主要是依靠裂隙之间的间距。

4.2.2　描述裂隙参数的常用分布函数

1. 均匀分布

其概率密度函数为

$$f(x) = \begin{cases} 1/(2a), \bar{x} - a \leqslant x \leqslant \bar{x} + a \\ 0 \end{cases} \qquad (4\text{-}11)$$

式中,$\bar{x}$ 为均值;a 为最大偏差。

2. 指数分布

指数分布也被称为负指数分布,其概率密度函数为

$$f(x) = \lambda e^{-\lambda x} \qquad (4\text{-}12)$$

式中,$1/\lambda$ 为均值。

3. 正态分布

其概率密度函数为

$$f(x) = \frac{1}{x_\sigma \sqrt{2\pi}} \exp\left[-\frac{1}{2}\left(\frac{x-\bar{x}}{x_\sigma}\right)^2\right] \tag{4-13}$$

式中,x_σ 为 x 的标准差;$\bar{x}$ 为统计量 x 的均值。

4. 对数正态分布

其概率密度函数为

$$f(x) = \frac{1}{x\lg y_\sigma \sqrt{2\pi}} \exp\left[-\frac{1}{2}\left(\frac{\lg x-\bar{y}}{y_\sigma}\right)^2\right] \tag{4-14}$$

式中,$\bar{y}$ 为统计量在 lg 空间上的均值;y_σ 为统计量在 lg 空间上的标准方差。

5. 单变量的 Fisher 分布

其概率密度函数为

$$f(\varphi,\theta) = \frac{k\sin\varphi' e^{k\cos\varphi'}}{2\pi(e^k-1)}, 0 \leqslant \theta' \leqslant 2\pi \tag{4-15}$$

$$k \approx \frac{N_f}{N_f - |R|} \tag{4-16}$$

式中,k 为分布参数,该分布函数是单峰的且关于 φ' 轴对称,若增大 k,则分布就会更加集中在 φ' 附近;$|R|$ 为裂隙产状单位向量的模;N_f 为裂隙的数量,该概率密度函数只对 $k > 5$ 的情况成立。

6. Bingham 分布

Bingham 分布的密度函数为

$$F = \frac{1}{4\pi d(k_1,k_2)} \exp(k_1\cos^2\phi + k_2\sin^2\phi)\sin^2\alpha \tag{4-17}$$

式中,α 为给定方向与真平均方向间的夹角;ϕ 为给定方向在垂直于真平均方向的平面内的投影所确定的某一角度;k_1,k_2 为聚集参数($k_1 < k_2 < 0$),且 $d(k_1,k_2)$ 为归一化常数。

4.2.3 统计方法

1. 玫瑰花图法

玫瑰花图是一种比较简便而又常用的表示裂隙空间分布特征的统计方法,它是将测得的裂隙走向或者倾向按照一定的间隔进行分组,一般间隔 $5°\sim20°$,然后统计每个间隔里面所含的裂隙数目,按照一定比例将裂隙数目换算成弧线长度,在半圆或者圆中绘制成玫瑰花图。玫瑰花图可以较为清晰地表示裂隙走向或倾向的优势方向,如图 4-1 所示。

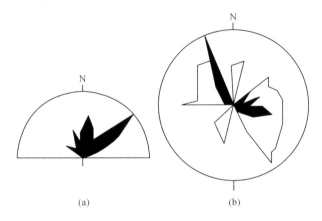

图 4-1　裂隙走向及倾向玫瑰花图

2. 赤平极射投影法

该方法又被称为"极射赤平投影法",主要是用来表示线、面的方位,以及之间的角距和运动轨迹,把物体的空间几何要素投影到平面上作为平面问题进行处理研究。研究裂隙时,是将裂隙的空间几何要素投影到平面上表示和研究裂隙几何要素的方向及其相互之间的角距关系。一般可以得到裂隙面的极点图,通过极点图对裂隙特征进行分析研究,从而得到裂隙方向的分布规律。

3. 灰度熵法

灰度熵法是随着计算机技术和数码技术的发展而出现的一门方法,目前在裂隙的研究中应用较少。熵是表征平均信息量的一个指标,定义为

$$H = \int_{-\infty}^{+\infty} p(x)\ln p(x)\mathrm{d}x \qquad (4\text{-}18)$$

$$F = \sum_{r=0}^{N_r-1} \frac{H(r)}{M \times N} \ln\left[\frac{H(r)}{M \times N}\right] \tag{4-19}$$

式中，$p(x)$ 为随机变量 x 的概率密度函数，对于获得的数字图像，建立灰度直方图，以图像的灰度熵作为判别式的表达式；r 为灰度级；$H(r)$ 为该灰度出现的频率；N_r 为图像中出现的灰度级数，$M \times N$ 为总的像素数。

对于裂隙岩体黑白图像的灰度分布特征，图像中出现的灰度级数越多，灰度熵越大，裂隙越发育。根据极大值定理，当图像模糊时，灰度级数趋于平均分布，熵值越大；当图像清晰时，灰度差别明显，熵值就越小。图 4-2 和图 4-3 为不同画面的灰度熵曲线。

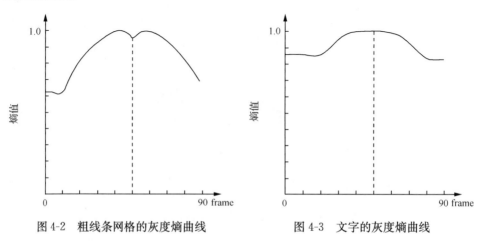

图 4-2　粗线条网格的灰度熵曲线　　　　　图 4-3　文字的灰度熵曲线

4. 分形法

分形法是利用分形理论对具有自相似性的裂隙用分形维数进行定量评价，本书裂隙的研究主要是利用该方法，从岩石裂隙的分形特征研究入手，研究覆岩采动裂隙网络演化的分形特征和覆岩损伤演化的分形特征。

4.3　裂隙的分形特征

研究岩体裂隙发育的分形特征首先从研究岩石裂隙的分形特征入手。岩石裂隙也具有自相似性，其分形维数反映了裂隙的分布特征和裂隙面的复杂性，这直接影响岩石的物理力学性质和损伤力学性质。本节将采用分形理论对裂隙几何参数的分形特征进行研究。

4.3.1　裂隙分布的分形特征

传统理论分析裂隙的特征主要是通过裂隙的密度定量描述,其中裂隙密度包括面密度、线密度和体密度,最常用的是面密度。

裂隙的面密度是指裂隙累计长度与岩体的横截面基质总面积的比值,即

$$\rho_s = \frac{l_t}{S_B} = \frac{\sum_{i=1}^{n} l_i}{S} \tag{4-20}$$

裂隙面密度的大小直接放映了横截面上裂隙的发育程度,面密度越大,表明岩层的裂隙发育程度越高,但是,面密度并不能完全反映裂隙的分布特征和发育程度。对于岩石裂隙的分形主要是采用盒维数法,不断改变盒子的边长 ε,每种盒子里面的裂隙数量为 $N(\varepsilon)$,通过改变盒子大小得出一系列数值 $(\varepsilon, N(\varepsilon))$,将得出的数字进行线性回归,即可求出裂隙分布的分形特征值 D(分数维),即

$$D = -\lim_{\varepsilon \to 0} \frac{\ln N(\varepsilon)}{\ln \varepsilon} \tag{4-21}$$

另外,对于裂隙的发育程度应该从裂隙密度和裂隙分形分布特征两方面进行考虑。设裂隙的发育程度为 F,则

$$F = \rho_s \cdot D = -\frac{\sum_{i=1}^{n} l_i}{S} \cdot \lim_{\varepsilon \to 0} \frac{\ln N(\varepsilon)}{\ln \varepsilon} \tag{4-22}$$

从式(4-22)可以看出,D 越大,F 越大,岩石破裂的程度就越高,裂隙发育程度越好。

4.3.2　裂隙长度和开度的分形特征

裂隙的长度和开度是表征岩石横截面上裂隙的两个主要参数。从分形理论可以知道,分形分布的随机统计主要依赖于分数维 D 和整数维 d 两者之间的比较。在某一范围 L 内,尺度为 l 的几何体内任意一点分布的概率分析,就是 l 几何体充填 L 空间范围的分形分布分析,即

$$P_l = \left(\frac{l}{L} \right)^{d-D} \tag{4-23}$$

式中,P_l 为 l 几何体分布的概率;$d - D$ 为复合维数。

对于面积为 S 的横截面,任意一张开面积为 s 的裂隙其分布概率,即

$$P_s = \left(\frac{s}{S}\right)^{2-D} \tag{4-24}$$

$$s = ab$$

$$S = AB$$

式中，a，b 分别为裂隙的开度和宽度；A，B 分别为横截面的长和宽；D 为裂隙分布的分形数维。

从式(4-24)可以通过计算裂隙的最大分布概率来预测岩石的破裂程度。

4.3.3　裂隙强度的分形特征

裂隙强度是指单位岩层内裂隙的数目，裂隙强度越大，岩层内的裂隙就越发育。根据范高尔夫-拉特的裂隙强度公式：

$$T = \frac{n_f}{\sum_{i=1}^{n} n_i f_i} \tag{4-25}$$

式中，n_f、n_i、f_i 分别为裂隙数目、岩层层数和每层的厚度，图 4-4 为裂隙强度模型。

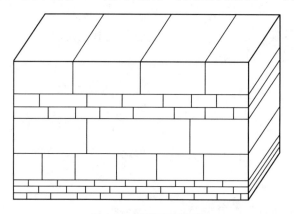

图 4-4　裂隙强度模型

设 $t = \dfrac{\ln n_f}{\ln\left(\sum\limits_{i=1}^{n} n_i f_i\right)} = \dfrac{\ln n_f / \ln\varepsilon}{\ln\left(\sum\limits_{i=1}^{n} n_i f_i\right) / \ln\varepsilon}$，$D_1 = -\ln n_f / \ln\varepsilon$，$D_2' = -\ln\left(\sum\limits_{i=1}^{n} n_i f_i\right) / \ln\varepsilon$

根据分形维数定义：

$$D_2 = -\frac{\ln N(\varepsilon)}{\ln\varepsilon} = -\frac{\ln\left(\dfrac{1}{\varepsilon}\sum\limits_{i=1}^{n} n_i f_i\right)}{\ln\varepsilon} = \frac{\ln\left(\sum\limits_{i=1}^{n} n_i f_i\right) - \ln\varepsilon}{\ln\varepsilon} = D_2 + 1 \tag{4-26}$$

因此

$$t = \frac{D_1}{D_2'} = \frac{D_1}{D_2 - 1} \tag{4-27}$$

式(4-27)即为裂隙强度的分形表达式。

从裂隙强度表达式可以看出,当岩层一定时,裂隙分形维数越大,岩层内的裂隙发育程度越好,分布也越均匀;岩层分形维数越大,说明岩层的分层越多,分层的均匀性越好。裂隙分形维数越大,岩层分形维数越小,裂隙强度越大,裂隙穿层性越强。可以看出,裂隙强度表达式可以更好地表征裂隙的分布特征和发育程度以及与岩层的关系。

4.3.4 裂隙面粗糙度的分形特征

裂隙面的粗糙度采用切岛法,利用裂隙面凸起的周长 P 和面积 S 之间的分性关系,对 $\ln P - \ln S$ 进行回归分析,得出裂隙面凸起的分形分布特征值 D,D 越大,说明裂隙面的粗糙程度越高。

周长 P 和面积 S 之间满足:

$$P^{1/D} \propto S^{1/2} \quad \ln P = C + \frac{D}{2} \ln S \tag{4-28}$$

式中,C 为系数;D 为分形维数,$D = 2\beta + 1$;β 为 $\ln P - \ln S$ 直线的斜率。

4.3.5 裂隙各向异性的分形特征

裂隙的各向异性主要表征裂隙的几何参数在岩石整个量测区域内的总体情况,包括裂隙长度和开度的各向异性、裂隙分形分布的各向异性、裂隙强度的各向异性和裂隙密度的各向异性。

设 α 为裂隙的各向异性参数,则

$$\alpha_1 = \frac{P_{max}}{P_{min}} \quad \alpha_2 = \frac{D_{max}}{D_{min}} \quad \alpha_3 = \frac{t_{max}}{t_{min}} \quad \alpha_4 = \frac{\rho_{max}}{\rho_{min}} \tag{4-29}$$

式中,α_1、α_2、α_3、α_4 分别为裂隙分布概率的各向异性、裂隙分形分布特征的各向异性、裂隙强度的各向异性和裂隙密度的各向异性。

4.4 覆岩采动裂隙网络演化的分形特征

4.4.1 采动岩体裂隙网络研究方法

1. 相似模拟试验

对于开采之后上覆岩层的裂隙发育,通过现场探测和描述很难得到和实现,但

可以通过实验室相似模拟试验的方法再现开采过程中上覆岩层裂隙的发育过程和分布形态,较为准确地测量和描述采动过程裂隙网络的发育特征和分布形态。

　　该部分利用的模型即为第 3 章地质力学模型中采用的相似模拟试验模型,模型的原始条件为赵固一矿 11011 工作面,属于典型的特厚松散层薄基岩煤层。测量的数据包括开采过程中岩层的移动,上覆岩层应力的变化,同时采用高分辨率的数码相机将不同开采时刻的模型进行拍摄。

　　2. 分形维数计算

　　分形维数计算采用的软件是 Fractal fox 分维计算软件,采用的计算方法是盒维数法。该软件是在微软操作系统下利用 MATLAB 语言开发的一款计算软件,该软件具有良好的人机界面,可以快速计算二维数字图像的分形维数。

　　在计算之前,选取不同开采进度时期的清晰照片,利用 Photoshop 对平面裂隙进行素描,得到裂隙发育的网络,再将图片输入分维计算软件之前利用 Fractal compress 处理图片。该软件是针对真彩(24 位色)BMP 图像进行简单处理和能够进行分形图像压缩的程序,分形图像压缩采用了固定分块和四叉树的方法。图像处理部分对图片大小没有要求,分形图像压缩部分对图片大小有要求,大小应是 2 的次方幂,否则在菜单上看到的图像里压缩子菜单是灰的,不起作用。

　　采用上面的方法将不同开采进度的裂隙网络分布素描图输入 Fractal fox,计算得到分形维数,并得出不同开采进度裂隙分布图与分形维数图,如图 4-5～图 4-11 所示。

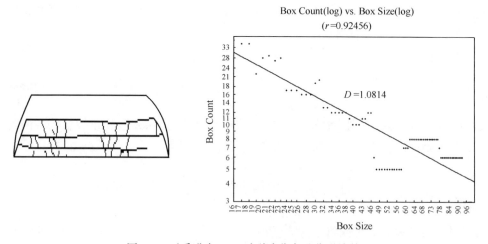

图 4-5　开采进度 35m 时裂隙分布及分形维数

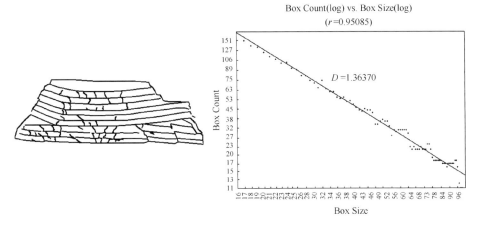

图 4-6　开采进度 53m 时裂隙分布及分形维数

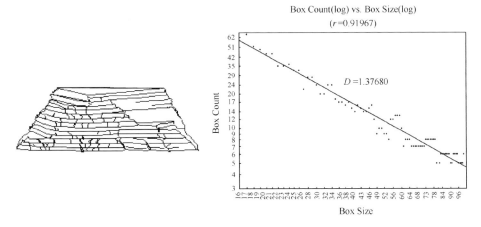

图 4-7　开采进度 65m 时裂隙分布及分形维数

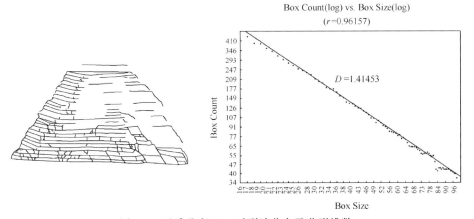

图 4-8　开采进度 80m 时裂隙分布及分形维数

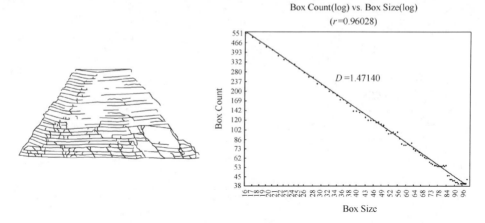

图 4-9　开采进度 93m 时裂隙分布及分形维数

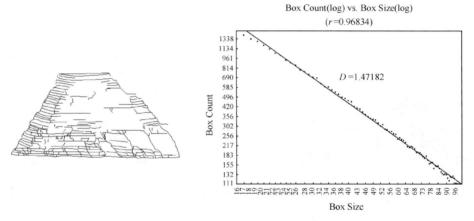

图 4-10　开采进度 115m 时裂隙分布及分形维数

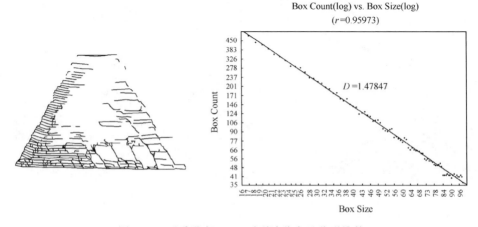

图 4-11　开采进度 130m 时裂隙分布及分形维数

4.4.2　采动岩体裂隙网络演化的分形规律

1. 岩体裂隙分形维数演化规律

从图 4-5～图 4-11 可以看出,随着工作面的推进,上覆岩体的裂隙网络是不断变化的。裂隙的分布区域逐渐向工作面上方和上覆岩层方向扩展,也就是说上覆岩层在开采过程中不断产生新的裂隙,并发生离层、垮落、移动和断裂,形成新的结构。裂隙分形维数较好地揭示了上覆岩层结构的变化情况,因此可以通过分形维数的变化评价预测上覆岩层的变化情况,为合理开采提供理论依据。

图 4-12 为分形维数与工作面推进度之间的关系,通过回归得出了两者之间的经验关系为

$$y = 1.29 \times 10^{-6} x^3 - 0.0004x^2 + 0.039x + 0.145 \tag{4-30}$$

式中,y 为分形维数;x 为工作面推进距离,m。

从图 4-12 和式(4-30)可以看出,开采进度 35m 时,直接顶第一次垮落,裂隙较少,相应分形维数较低,但工作面推进到 53m 时,基本顶出现第一次断裂垮落,即工作面出现初次来压,覆岩裂隙迅速增加,分形维数出现跳跃,从 1.0814 增加到 1.36370。但随着工作面向前推进,岩体破裂程度增加,出现分形维数增加现象,但在靠近工作面的采空区上方产生新裂隙的同时,远离工作面采空区上方的一些裂隙被压实,裂隙增加数量减慢,分形维数增加速度降低,但分形维数总的趋势是增加。

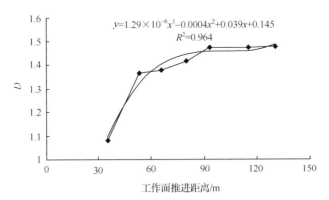

图 4-12　分形维数与工作面推进度之间的关系

2. 分形维数与矿山压力的关系

在开采过程中,随着工作面的向前推进,工作面周围应力不断重新分布,顶板

压力也在不断增大,造成上覆岩层不断发生移动、下沉、破坏和垮落,随之向采空区两侧转移,并在工作面前方形成支承应力增高,因此,覆岩裂隙的发育分布与超前支承压力、顶板压力存在一定的关系。为研究分形维数与矿山压力的关系,选取距开切眼 90m 和 120m 的 8 号点和 10 号点,观测在开采过程中前方支承压力的变化,绘制压力与分形维数的关系线,如图 4-13 所示。从图中可以看出,随着工作面前方压力的不断增大,分形维数呈现增加趋势,在压力较小时,分形维数增加速度较快,随后增加速度减缓,这一变化趋势与分位数与工作面推进度之间的关系基本相似。

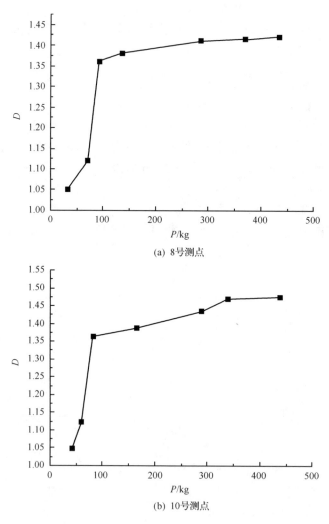

(a) 8号测点

(b) 10号测点

图 4-13　分形维数与工作面前方压力之间的关系

3. 分形维数与岩层下沉的关系

为研究岩层下沉量与分形维数之间的关系,在此选取煤层上方分别距离煤层顶板 10m、20m、30m、40m、50m、60m 岩层布置位移观测线,每条位移观测线选取 4 个观测点,观测开采宽度在 80～120m 时顶板岩层的下沉量,同时计算对应的分形维数,绘制关系曲线如图 4-14 所示。从图中可以看出,随着分形维数的增大,下沉量的增加,基岩的关系曲线基本呈双直线关系,而松散层关系曲线表现为线性关系,因此基岩与松散层交界面是分形维数发生转折的交界面;分形维数小于 1.44时,直线斜率较小,下沉量增加较慢,当大于 1.44 时,直线斜率较大,下沉量增加速度加快。采动裂隙网络的分形维数直接反映了其在空间的占位情况,空间占位的大小直接表现为顶板下沉量的大小,因此分形维数可以较好地表征上覆岩层的下沉特征。

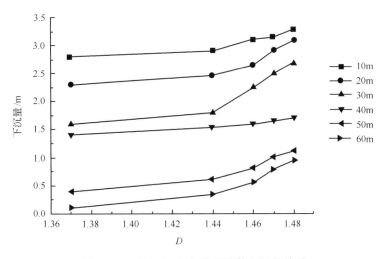

图 4-14　顶板下沉量与分形维数之间的关系

4.4.3 "上三带"分形维数

在开采过程中,上覆岩层形成三带结构:垮落带、裂隙带和弯曲下沉带。三个区域的裂隙分布由于其在开采过程中的破坏情况不同分形维数也存在较大差异。三带的分形维数计算结果见表 4-1,从表中可以看出,由于垮落带垮落的岩石块度较大,其分形维数小于裂隙带;弯曲下沉带主要产生的是岩层之间的分离裂隙,因此其分形维数小于垮落带和裂隙带;裂隙带由于存在垂直裂隙和水平裂隙,裂隙发育程度较好,其分形维数最高。

表 4-1　三带分形维数计算结果

三带名称	分形维数 D	相关系数 R
垮落带	1.3675	0.975
裂隙带	1.4837	0.982
弯曲下沉带	1.2786	0.991

4.5　覆岩破坏损伤的分形特征

对于上覆岩层在自重应力和矿山压力的作用下,岩体产生微细观裂隙,随着工作面的推进,裂隙不断发生扩展、演化,逐渐聚合形成细观裂隙和宏观主裂隙,最终形成断裂破坏。实际上,裂隙的不断扩展演化就是岩体在三轴压缩状态下发生损伤破坏的过程,因此研究覆岩破坏裂隙发育的过程可以转化研究覆岩损伤破坏的过程。

4.5.1　损伤力学基本概念

损伤力学起源于 1958 年 Kachanov 在研究蠕变断裂时,提出的连续度的概念[168],1963 年 Rabotnov 又提出了损伤因子的概念[169],1979 年 Hult 提出了损伤力学的概念[170],但这些概念和方法最初只是局限在研究分析蠕变断裂。到 20 世纪 70 年代后期,材料损伤概念才引起各国研究学者的重视,并给损伤概念引入了物理意义和合理解释,逐渐形成了连续损伤力学这门学科。损伤是指在外载作用下材料内部的缺陷导致其逐渐恶化并导致体积单元发生破坏的现象。损伤力学就是研究含有损伤的材料在外载作用下发生变形破坏的力学过程。

损伤变量 D 表征材料损伤大小的物理量,既可以是标量,也可以是矢量,损伤变量的变化代表含损伤材料发生变形破坏的过程。损伤力学目前分为连续损伤力学和微细观损伤力学。连续损伤力学着重考察材料的宏观力学性质,不考虑损伤演化的细观物理力学过程,而微细观损伤力学着重研究细观损伤参量和材料变形与损伤过程之间的关系。不论哪一种研究方法,损伤变量的定义和测量都是研究过程中的一项重要工作。

损伤变量的定义方法总的来说分为几何参量和物理参量两类。

几何参量是从材料内部缺陷的几何参数入手,包括空隙的数目、长度、面积、体积;空隙的形状、配列,有趋向决定的有效面积。

物理参量是直接和应力有关的参量,包括弹性常数、屈服应力、拉伸强度、延伸率、密度、电阻、超声波速度、声发射。

按空隙面积定义损伤变量,设 A 为试件原始无损伤截面积,A_D 为横截面上空

隙的总面积,则试件的实际截面积为

$$A_{ef} = A - A_D \tag{4-31}$$

连续性因子定义为

$$\psi = \frac{A_{ef}}{A} = \frac{A - A_D}{A} \tag{4-32}$$

式中,A_{ef} 为横截面的有效面积。

损伤因子定义为

$$D = \frac{A_D}{A} \tag{4-33}$$

显然 $\psi + D = 1, 0 \leqslant \psi \leqslant 1, 0 \leqslant D \leqslant 1, D > 0$。对于完全无损伤状态,$D = 0$;对于完全丧失承载能力的状态,$D = 1$;对于内部存在损伤且未完全丧失承载能力状态,$0 < D < 1$。

有效应力是指在 Kachnov 连续性含义下试件因损伤造成承载面积减小而增大的应力。当用"有效应力"来定义损伤变量,试件不考虑损伤时的表观应力 $\sigma = P/A$,所以:

$$\frac{\sigma}{\sigma_{ef}} = \frac{A_{ef}}{A} = \psi = 1 - D \tag{4-34}$$

或 $\quad \sigma_{ef} = \dfrac{\sigma}{1 - D} \quad$ 及 $\quad D = \dfrac{\sigma_{ef} - \sigma}{\sigma_{ef}}$

其物理意义:ψ 表示表观应力 σ 与有效应力 σ_{ef} 的比值,D 则为应力增量 $\sigma_{ef} - \sigma$ 与有效应力 σ_{ef} 的比值。因此根据等效应变假设,可以通过应力或模量的测量来确定损伤因子 D:

$$D = \frac{E - E_0}{E} = 1 - \frac{E_0}{E} \tag{4-35}$$

式中,E 为无损伤时的弹性模量;E_0 为有损伤时的弹性模量。

4.5.2　损伤岩石的分形特征

首先假定岩体为含有一定分布密度裂纹的均匀材料,根据 Talyor 的裂纹密度假设[171],即裂纹密度等于裂纹影响区域体积与岩体总体积的比值,或者用下式计算:

$$C_d = \beta N r_0^3 \tag{4-36}$$

式中,r_0 为裂纹的平均半径;N 为裂隙的个数;β 为形状影响因子,$0 < \beta < 1$。

研究表明[172,173]，裂纹分布符合分形理论，长度为 r 的裂纹与相对应的裂纹个数 N 之间的关系为

$$N = r^{-D_f} \tag{4-37}$$

式中，D_f 为裂隙的分形维数，该数值可以利用盒维数法求出，可以用该参数表示裂隙在岩石中所占空间情况，即裂隙的发育程度。将该式(4-37)代入裂隙密度表达式式(4-36)，同时用裂隙的平均半径 r_0 表示裂纹长度 r，整理得

$$C_d = \beta r_0^{3-D_f} \tag{4-38}$$

式中，β 为晶粒形状的修正系数，其大小通常取最小尺寸与最大尺寸之比。

根据已有研究，弹性模量与裂纹密度的关系为[171]

$$\frac{E_0}{E} = \left[1 + \frac{16}{45} \frac{(1-\nu^2)(10-3\nu)}{2-\nu} C_d \right]^{-1} \tag{4-39}$$

由式(4-35)得

$$\frac{E_0}{E} = 1 - D \tag{4-40}$$

将式(4-40)代入式(4-39)，得

$$1 - D = \left[1 + \frac{16}{45} \frac{(1-\nu^2)(10-3\nu)}{2-\nu} C_d \right]^{-1} \tag{4-41}$$

令 $\nu_0 = \nu\left(1 - \frac{16}{9}C_d\right)$，$\nu_0$ 为等效泊松比，代入式(4-41)整理，得

$$D = \frac{16}{9} \frac{1-\nu_0^2}{1-2\nu_0} C_d \tag{4-42}$$

将式(4-38)代入式(4-42)，得出损伤因子与裂纹分形维数之间的关系式为

$$D = \frac{16}{9} \frac{1-\nu_0^2}{1-2\nu_0} \beta r_0^{3-D_f} \tag{4-43}$$

通过式(4-43)就可以研究分形规律和损伤演化规律。原始岩体内存在初始采动影响下形成局部的破裂，随着采动应力的增加，局部破裂随之增加，产生新的损伤，损伤程度越加严重，并在受采动影响剧烈的某些区域形成破裂集中区，即损伤严重区，此时该区域的裂隙密度往往大于其背景区域。同时，从式(4-43)可以看出，裂隙的分形维数越小，岩体内形成的断裂面，发生破坏的可能性以及破坏强度就越大。

4.5.3　覆岩破坏损伤的分形模型

在采动影响下，覆岩中的岩石发生破坏的本构关系为

$$P = K_0 \varepsilon \tag{4-44}$$

$$S = 2G_0 e \tag{4-45}$$

式中，P 为体积应力；S 为应力张量；K_0 为等效体积模量；ε 为体积应变；G_0 为剪切模量；e 为应变张量。

根据 Thore 的推导，岩石等效体积模量和等效剪切模量分别为

$$K_0 = (1 - D)K \tag{4-46}$$

$$G_0 = \frac{3K_0(1 - 2\nu_0)}{2(1 + \nu_0)} \tag{4-47}$$

式中，K 为体积模量；D 为损伤因子。将式（4-46）和式（4-47）代入式（4-44）和式（4-45）整理，得

$$P = (1 - D)K\varepsilon \tag{4-48}$$

$$S = \frac{3K_0(1 - 2\nu_0)}{(1 + \nu_0)} e \tag{4-49}$$

同时，已有研究得出了岩石在破坏过程中损伤能量消耗的关系式[174]为

$$Y = -\frac{1}{2}(\lambda \varepsilon_{ii}^e \varepsilon_{jj}^e + 2\mu \varepsilon_{ij}^e \varepsilon_{ij}^e) \tag{4-50}$$

式中，ε_{ii}、ε_{jj}、ε_{ij} 为弹性应变张量；λ、μ 为拉梅常数。

式（4-38）、式（4-43）、式（4-48）、式（4-49）和式（4-50）构成了覆岩岩石破坏的分形损伤模型

$$\begin{cases} C_d = \beta r_0^{3-D_f} \\ D = \dfrac{16}{9} \dfrac{1 - \nu_0^2}{1 - 2\nu_0} \beta r_0^{3-D_f} \\ P = (1 - D)K\varepsilon \\ S = \dfrac{3K_0(1 - 2\nu_0)}{(1 + \nu_0)} e \\ Y = -\dfrac{1}{2}(\lambda \varepsilon_{ii}^e \varepsilon_{jj}^e + 2\mu \varepsilon_{ij}^e \varepsilon_{ij}^e) \end{cases} \tag{4-51}$$

第 5 章　厚松散层不同厚度基岩煤层
围岩运动规律

上覆岩层的移动变形是一个极其复杂的物理力学过程,本章以赵固一矿11011 工作面地质资料、开采情况为例,选择建立在拉格朗日算法基础上,特别适合模拟大变形的 FLAC 程序,分别针对不同厚度基岩、不同厚度松散层薄基岩煤层综采进行三维数值模拟,研究不同地质条件下薄基岩煤层开采上覆岩层运动规律,并对薄基岩的安全厚度进行探讨。

5.1　模　型　建　立

5.1.1　FLAC³ᴰ简介

FLAC³ᴰ是由美国明尼苏达大学和美国 Itasca Consulting Group Inc. 开发的三维有限差分计算软件[175]。FLAC³ᴰ可以在 DOS 命令模式下运行,也可以在 Windows 菜单模式下运行。在 Windows 模式下,可以使用图形用户界面执行诸如打印、显示、文件输出和输入等一系列操作,非常便捷[176,177]。

FLAC³ᴰ由于可以提供 11 种计算本构模型,分别是:NULL MODEL(空模型)、ISOTROPIC ELASTIC MODEL(各向同性弹性模型)、TRANSVERSELY ISOTROPIC ELASTIC MODEL(材料横向同性弹性模型)、ORTHOTROPIC ELASTIC MODEL(材料正交同性弹性模型)等弹性模型,DRUCKER-PRAGER MODEL(德鲁克-普拉格塑性模型)、MOHR-COULOMB MODEL(莫尔-库仑塑性模型)和 STRAIN-SOFTENING/HARDENING MODEL(应变软化/硬化塑性模型)等塑性模型,因此其计算功能非常强大,对于大部分力学问题都可以用此来解决,同时对于一些比较复杂的力学问题求解更方便、更直观。在模拟岩土或者地层结构时,由于可以设置 Interface 或者 Slip-plane 模拟单元,因此可以模拟地层中存在的断层、节理等弱面结构,也可以模拟巷道或者隧道的支护问题,如锚杆支护、锚索支护、地基加固等。另外,该软件还可以模拟流体、气体与固体的多项耦合,模拟得出应力场、应变场、渗流场以及温度场等之间的耦合关系。因此说该软件是一款适用面广、功能全且易于学习使用的软件。

在模拟结构方面,FLAC³ᴰ具有强大的功能,FLAC³ᴰ提供了 Interface 或 Slip-plane 模拟单元,用以模拟断层、层理、节理等弱面及摩擦接触面等。FLAC³ᴰ提供了 Structures 模拟单元,用以模拟巷道衬砌、堆衬、锚杆、桩基等支护结构体。

FLAC^{3D}功能强大还表现在它可以模拟固、流、气多相行为,可以模拟材料力学、热传导、地下水渗流和冲击波等多种形态行为的单一或耦合作用。

5.1.2　模拟目的

(1)通过11011工作面数值模拟得出特厚松散层薄基岩围岩应力分布规律,并对顶板"两带"高度进行判别;研究工作面围岩不同位置观测点位移,得出典型薄基岩煤层围岩移动规律。

(2)通过比较相同采深、不同基岩厚度条件下煤层开采围岩应力分布规律和顶板运移规律,得出基岩厚度和矿山压力之间的关系。

(3)研究顶板岩层最大下沉量、最大应力、最小应力随基岩和松散层厚度的变化规律,寻找各种条件的最危险工况及其对应的规律。

5.1.3　三维模型建立

1. 11011 工作面数学模型

应用 FLAC^{3D}软件,根据赵固一矿东一盘区地质条件和煤岩条件等建立了11011 综采工作面的模型。赵固一矿煤层倾角小,属于近水平煤层,11011 工作面采用走向长壁布置。模型长 400m,宽 180m(工作面斜长),高 150m。由于模型高度的限制,模型上部至地表的岩体自重施加垂直方向的载荷 12MPa。整个模型共划分为 159000 个单元,169074 个节点。在节省单元,提高运算速度的同时,为保证计算精度,按区域需要考虑的轻重来调整单元的疏密。

2. 不同厚度基岩数学模型

从表 2-16 可以看出,赵固一矿基岩厚度为 13.87～68.41m,在不同区域厚度变化较大,但煤层埋深基本相同,因此要进行不同基岩条件下上覆岩层活动规律研究。此处采用 FLAC^{3D}分别模拟相同埋深条件下基岩厚度分别为 15m、25m、35m、45m、55m、65m 上覆岩层的活动规律。模型侧面限制水平移动,模型底面限制垂直移动,模型上部按至地表的岩体自重施加垂直方向的载荷 12MPa。

图 5-1 为建立的三维力学模型。

5.1.4　边界条件的确定

计算模型边界条件确定如下:
(1)四周边界施加水平约束,即 $x_{disp} = y_{disp} = 0$。
(2)底部边界固定,即 $x_{disp} = y_{disp} = z_{disp} = 0$。

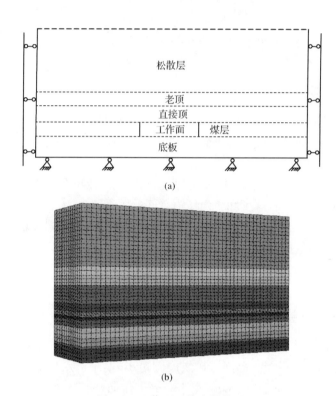

图 5-1　工作面三维力学模型

（3）顶部无约束，但在垂直方向要根据模型需要施加自重载荷。

模型顶端施加等效载荷，即自重应力。载荷 σ_z 为

$$\sigma_z = \gamma H \qquad (5\text{-}1)$$

式中，γ 为上覆岩层的容重，取 25kN/m^3；H 为模型顶边界距地表的深度，m。

在水平方向上施加由自重应力产生的侧向应力，由下式确定：

$$\sigma_x = \sigma_y = \lambda \sigma_z \qquad (5\text{-}2)$$
$$\lambda = \mu/(1-\mu)$$

式中，λ 为侧压系数。

5.1.5　岩体物理力学参数的选取

根据室内岩石物理力学试验，模型采用的力学参数见表 5-1。

表 5-1　计算采用的岩体力学参数

岩性	抗拉强度/MPa	容重/(kN/m³)	摩擦角/(°)	弹性模量/GPa	泊松比	黏聚力/MPa	体积模量/GPa	剪切模量/GPa
松散层	0.16	21	25		0.30	0.55	0.70	0.35
细砂岩	3.5	25	35	22.54	0.20	35.6	12.5	9.39
泥岩	1.02	27	38	4.77	0.19	4.46	2.56	2.0
砂质泥岩	3.45	26	36	14.1	0.21	18.8	8.1	5.95
中砂岩	5.10	28	31	17	0.24	39.48	10.9	6.85
煤	0.93	14	28	1.93	0.24	4.21	1.24	0.78
砂岩	6.1	28	30	8.8	0.20	27.2	4.9	3.67
石灰岩	11.8	26	42	39.2	0.29	32.3	31.1	15.2

5.2　模拟结果分析

5.2.1　11011 工作面模拟结果分析

1. 覆岩破坏规律

覆岩破坏后的塑性云图可以清晰表示工作面开采之后顶板岩层的破坏情况。垮落带、裂隙带的高度与云图中所标示的塑性分区是相对应的,因此,可以通过分析破坏塑性区云图判断垮落带和裂隙带的高度。通常,将破坏后的煤层顶板分为四个区域,自上而下分别为未破坏区域、剪切破坏区域、拉伸裂隙区域和拉伸破坏区域,如图 5-2 所示。拉伸破坏区域是岩层在双向拉应力作用下发生拉断、垮落现象。拉伸裂隙区则是某一区域的岩层其受到的拉应力超过了自身的抗拉强度而发生破坏产生裂隙,拉应力的大小直接影响裂隙的张开程度,从而造成不同的岩层破坏程度和渗透性也不相同。拉伸破坏区和拉伸裂隙区一般位于采空区上方。从覆岩塑性区的发育过程可以看出,工作面顶板首先在剪切作用下发生破坏,顶板中的裂隙在剪应力作用下得以发育,进而发展为拉伸破坏,最终发生断裂、垮落。因此,通常将拉伸破坏区作为垮落带,拉伸裂隙区作为裂隙带。

图 5-3 为赵固一矿 11011 工作面推进 30m、60m、90m、120m、150m 和 180m 时工作面围岩塑性区云图。从图 5-3 可以看出,自工作面开切眼回采开始,工作面顶底板及煤壁前方和工作面后方均产生明显的破坏区域,煤层顶板自下往上,依次发育拉伸破坏和剪切破坏。破坏范围呈现明显的"马鞍"形。

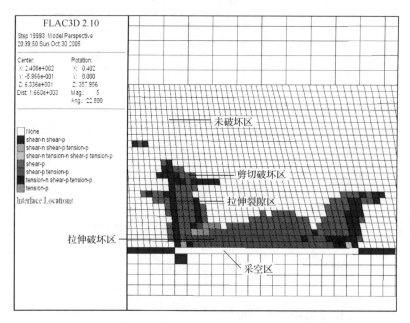

图 5-2　覆岩破坏分区

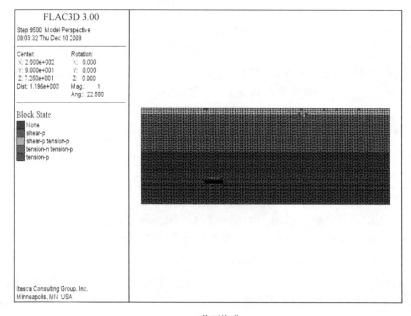

(a) 工作面推进30m

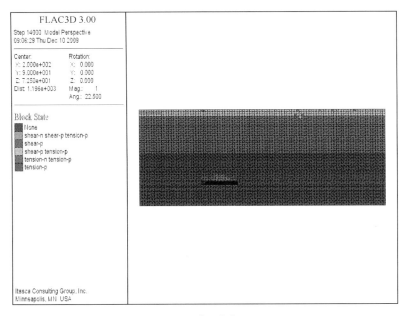

(b) 工作面推进60m

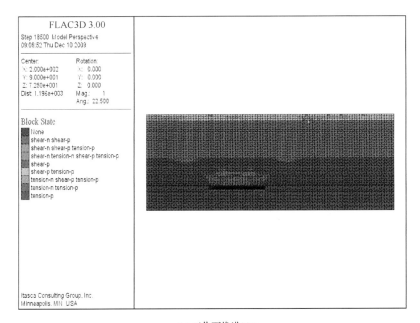

(c) 工作面推进90m

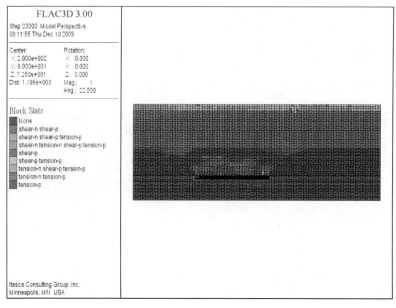

(d) 工作面推进120m

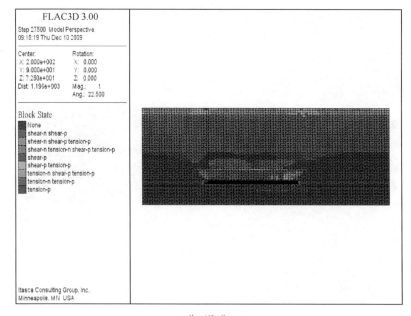

(e) 工作面推进150m

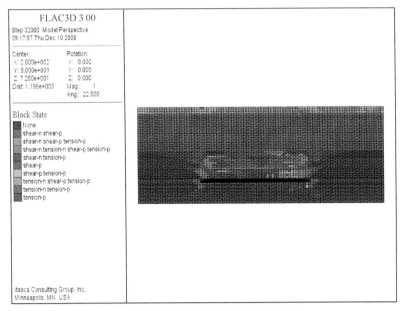

(f) 工作面推进180m

图 5-3　工作面不同推进距离围岩塑性区云图

2. 最大主应力场分布规律

图 5-4 为赵固一矿 11011 工作面推进 30m、60m、90m、120m、150m 和 180m 时最大主应力场模拟结果。

通过最大主应力场模拟结果研究得到如下结论：

（1）随着工作面的不断向前推进，最大主应力等值线范围不断扩大，形状和高度不断发生改变。最大主应力中拉应力的等值线刚开始时为"拱形"，随着推进距离的增加，逐渐变为两头高、中间低的"马鞍"形。随着工作面的不断推进，高度不断增加。

（2）在煤壁前方和工作面后方产生一定程度的应力集中。在采空区边缘，岩体处于拉压应力区，采动裂隙发育充分，导水裂隙带在此处发育最高。

（3）在临近煤层顶板区域主要是拉应力区域，当拉应力区有微裂隙时，在裂隙的端部产生应力集中，顶板岩层中的拉应力集中系数变得更大，由于岩石抗拉强度很低，出现拉应力区时，该区域岩石极易垮落。

综合分析以上对 11011 工作面在不同推进距离下的垂直位移场和最大主应力场的模拟结果，计算得到 11011 工作面在综采条件下的最大裂隙带高度和垮落带高度分别为 29.8m 和 15m。

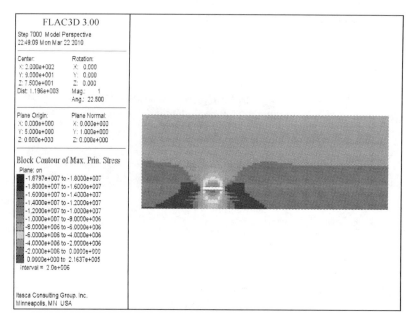

(a) 工作面推进30m

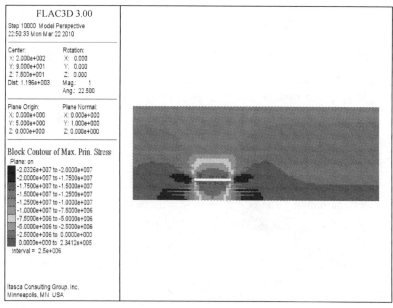

(b) 工作面推进60m

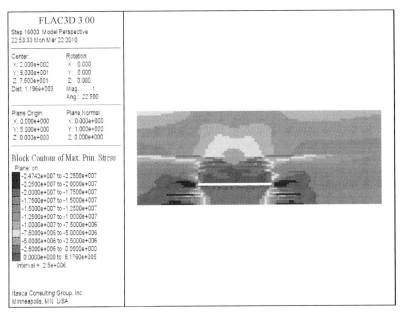

(c) 工作面推进90m

(d) 工作面推进120m

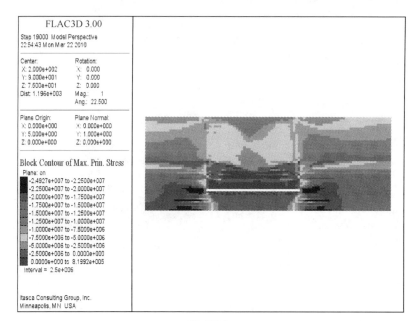

(e) 工作面推进150m

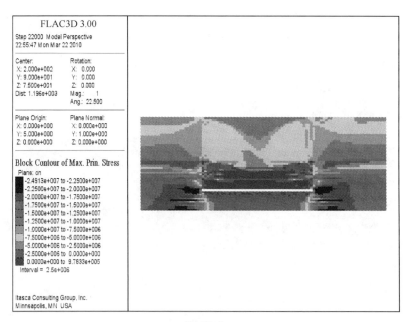

(f) 工作面推进180m

图 5-4　工作面不同推进距离最大主应力场模拟

3. 支承压力分布规律

在数值模拟过程中,在煤层上方 10m、20m、30m、40m、50m 设置了五条应力监测线,每次开挖后对应力数据采集,得出正常推进时的工作面前方支承压力分布情况图,如图 5-5 所示。通过分析可知,应力集中系数距离煤层越近越大,煤层上方 10m、20m、30m、40m、50m 的应力集中系数分别为 1.60、1.46、1.26、1.08 和 1.04,超前支承压力最大值在工作面前方 10m 左右,增压区宽度为 45m。

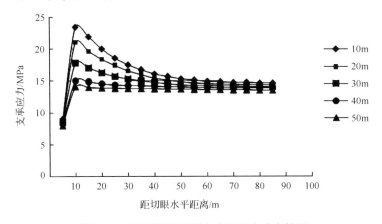

图 5-5　工作面推进时前方支承压力分布情况

4. 覆岩应力场分布规律

由于采动影响,工作面周围岩体、松散层中应力的重新分布,并且产生附加应力,导致岩层、松散层发生变形位移,尤其是当应力达到或超过松散层的强度时,松散层将破坏。

图 5-6～图 5-8 为采厚 3.5m、开采宽度 300m 时的应力分布云图,分析得出以下结论:

1) 覆岩主应力分布

随着开采宽度的增加,切眼附近产生的应力扰动逐渐波及上覆岩层,并伴随出现拉压应力集中和压应力降低等应力传递和转移现象。岩层的垮落、开裂、弯曲和下沉使上部松散层随之产生变形和移动,改变了其原始的应力状态,应力重新分布。根据弹塑性有限单元法分析的结果,将上覆松散层内部的主应力按最大主应力和最小主应力的大小、方向及性质大致划分为三种类型。

(1) 双向拉应力区。最大主应力和最小主应力均为拉应力,倾角一般为 45°左右,当拉应力大小超过或达到岩体或松散层的抗拉强度时,岩体或松散层被拉断,逐渐产生开裂,拉应力得以转移、释放,此时松散层内的拉应力均小于其抗拉强度。

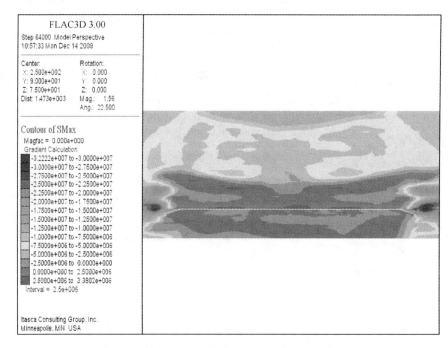

图 5-6 采厚 3.5m、开采宽度 300m 最大主应力云图

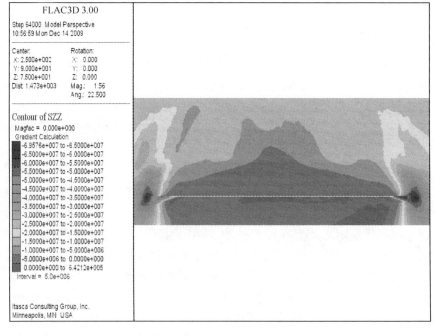

图 5-7 采厚 3.5m、开采宽度 300m 垂直应力云图

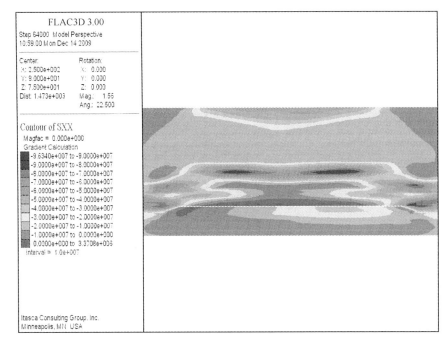

图 5-8　采厚 3.5m、开采宽度 300m 水平应力云图

双向拉应力区主要位于采空区上方直接顶和基本顶岩层中,局部分布于底板岩层内;在松散体中主要分布在煤柱上方地表附近的正曲率区内,该处位于沉陷盆地边缘,在拉应力作用下,松散层出现开裂现象。

(2) 拉压应力区。在拉压应力区,最大主应力为压应力,其方向在煤柱附近上覆岩层和松散层中近铅直,并向采空区方向逐渐偏转,在采空区中心处为近水平方向,其大小有大—小—大的变化趋势;最小主应力为拉应力,其方向在煤柱上方岩层和松散层中基本为顺层方向,在采空区中心上方逐渐转变为与层理高角度斜交。此区在松散层中主要分布在正曲率区从地表至一定深度下,产生近铅直方向的拉张裂隙;在岩层中主要分布于双向拉应力区外围的采空区覆岩及底板岩层中。

(3) 压应力区。在该区,最大主应力和最小主应力均为压应力,最大主应力在煤柱附近为近铅直方向,在采空区上方岩上层中为顺层方向,此区在松散层中位于顶部负曲率区压应力区和煤柱上方支承压力区以上波及的松散层区域;在岩层中主要位于煤柱上下方支承压力区以及采动影响以外的原岩应力区。

如图 5-9 所示,在顶部松散层中从煤柱上方至采空区上方依次为拉压应力区(正曲率区)和双向压应力区;中下部松散层则依次为压应力区和拉压应力区;如果岩层和松散层的厚度较大,则中下部松散层中将以压应力区为主,下部岩层中则依次为压应力区、拉压应力区和双向拉应力区。从采空区向上依次为双向拉应力区、拉压应力区和双向压应力区,具有明显的分带性。

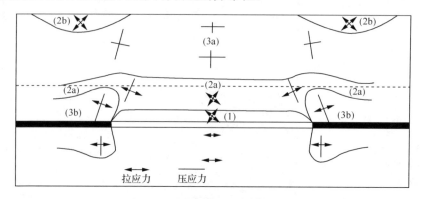

图 5-9　采动覆岩内主应力分区
(1)拉应力区;(2a)拉压应力区;(2b)正曲率区拉压应力区;
(3a)负曲率区压应力区;(3b)支承压力区

2)垂直应力分布

垂直应力集中主要位于煤柱的顶、底板及周围岩层中,应力集中最大值一般位于煤壁线上,底板应力则向煤柱内部转移。由于基岩层较薄,在松散层中,仍存在应力集中部位,主要位于煤柱正上方,靠近煤壁线上方;在一定的高度上,应力集中程度逐步减弱。在采空区上方松散层中,应力降低值向地表方向逐步减小。

3)水平应力分布

水平应力主要集中分布在煤柱顶板及靠近煤柱顶板的岩层中,煤柱上方覆岩中,水平应力集中部位从煤柱顶板向上,并逐渐偏向采空区。在煤柱下方底板岩层中,水平应力集中分布于采空区下部,并延伸到煤柱内部。岩性不同,水平应力集中程度也明显不一样,尤其在软硬岩层界面处,硬岩层强度高、弹性模量大,水平应力很高,而软岩层应力集中程度较低。对于岩层与松散层来说,松散层中水平应力集中程度很不明显。

5.2.2　不同厚度基岩模拟结果分析

1. 采动覆岩移动破坏规律

1)采动覆岩移动规律

随着工作面向前推进,采空区上方的覆岩会出现离层现象,并产生裂隙,模拟结果中的纵向位移较好地反映了开采过程中覆岩的下沉状况,图 5-10 为不同厚度基岩条件下、工作面开挖 200m 时沿走向剖面的垂直方向(Z 方向)的位移分布图。图 5-11 为不同厚度基岩条件下工作面顶板垂直位移。图 5-12 为工作面推进距离 200m 时,顶板最大位移量随基岩厚度变化的规律。

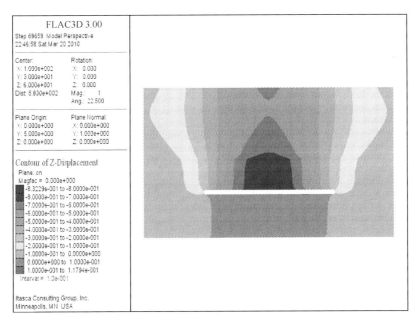

(a) 15m基岩厚度

(b) 25m基岩厚度

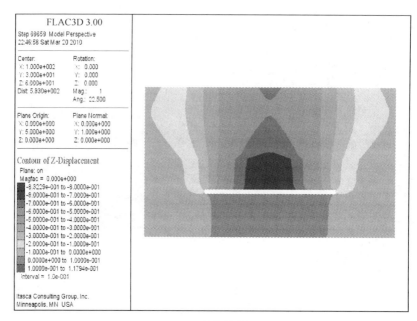

(c) 35m基岩厚度

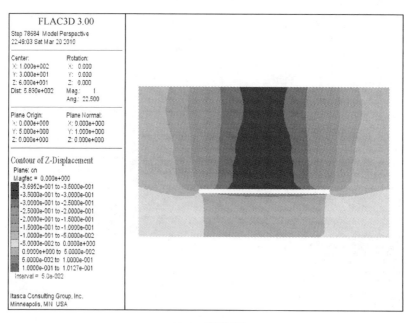

(d) 45m基岩厚度

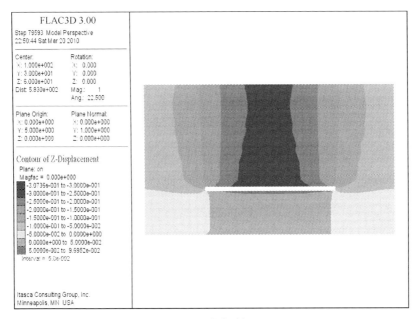

(e) 55m基岩厚度

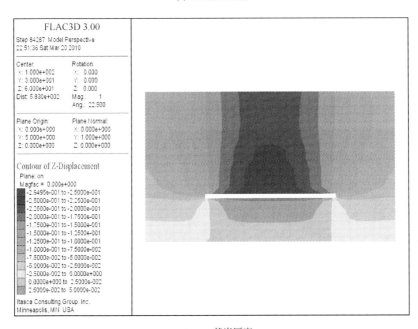

(f) 65m基岩厚度

图 5-10　不同基岩厚度条件下工作面围岩垂直位移分布图

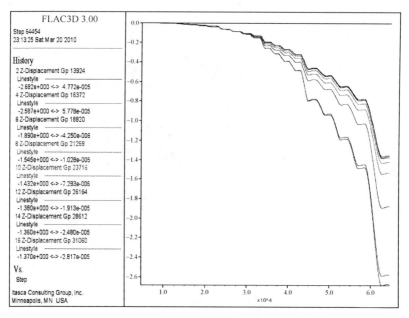

(a) 15m基岩厚度

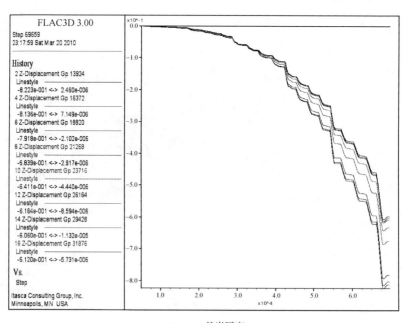

(b) 25m基岩厚度

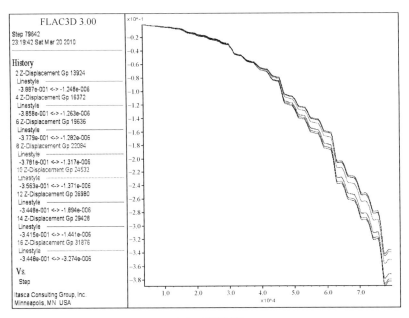

(c) 35m基岩厚度

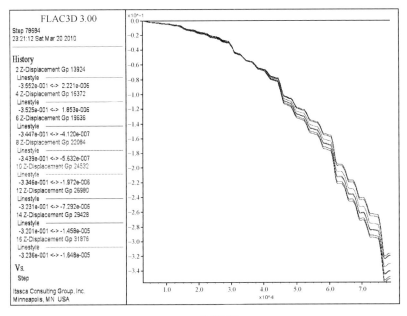

(d) 45m基岩厚度

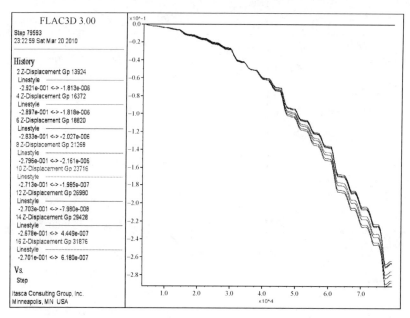

(e) 55m基岩厚度

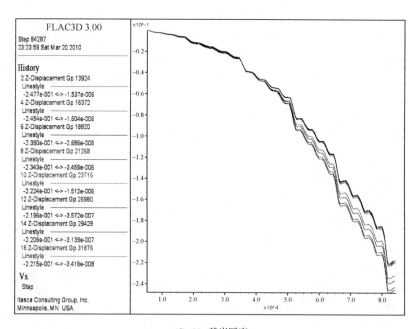

(f) 65m基岩厚度

图 5-11　不同厚度基岩条件下工作面顶板垂直位移

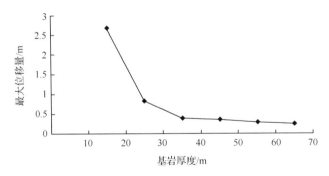

图 5-12　顶板最大位移量随基岩厚度变化的规律

从图 5-10 可以看出,采用全部垮落法管理顶板进行采煤时,随着工作面推进,采空区不断扩大,顶板则会产生裂隙、断裂和垮落,其下沉量最大位置一般位于采空区的中部。从图 5-12 可以看出,随着基岩厚度的增加,顶板下沉量减小,当基岩厚度达到 35m 时,顶板下沉量趋于稳定,这是由于此时基岩可以形成有效的支撑结构,使直接顶和基本顶保持稳定。图 5-11 中,位移曲线分别是不同厚度基岩条件下煤层上方距煤层距离 5m、15m、25m、35m、45m、55m、65m、75m 处顶板的垂直位移曲线,从该图可以看出,随着基岩厚度的不断增加,覆岩活动范围也在发生变化,松散层和基岩接触面是位移发生明显变化的转折点。由于基岩的岩性比较接近,其下沉量基本一致,由于松散层与基岩性质差异较大,挠度不同,产生不同的下沉,顶板下沉量在松散层发生转折。

2) 采动覆岩破坏规律

从图 5-13 顶底板塑性区云图可以看出:顶板破坏高度与基岩的厚度关系密切,基岩与松散层交界面是岩层破坏发生转折变化的交界面。在基岩厚度为 15m 时,基岩随着煤层开挖随采随跨,不能形成承载结构,整个上覆岩层均受到影响,发生剪切破坏,造成上覆松散层发生整体切落;当基岩厚度为 25~35m 时,顶板开始形成承载结构,"两带"高度超过基岩厚度,到达松散层;当基岩厚度达到 45m 时,由于顶板可以形成稳定的承载结构,顶板出现"三带"结构,工作面压力稳定。

2. 采动覆岩应力变化规律

从图 5-14 可以看出,随着基岩厚度的增加,最大集中应力逐渐减少,当基岩厚度达到 35m 时,最大集中应力急剧减小。图 5-15 为顶板应力集中系数与基岩厚度的关系,从该图可以看出,总的趋势是随着基岩厚度的增加应力集中系数减小,当基岩厚度小于 35m 时,应力集中系数较大,当基岩厚度大于 35m 时,应力集中系数逐渐减小,并逐渐趋于一恒定值。采动覆岩垂直应力云图表明,基岩厚度达到 35m 时,应力分布发生急剧变化,说明顶板可以形成承载结构。

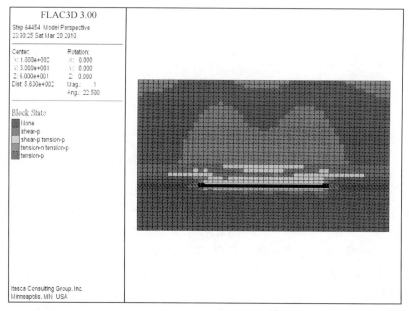

(a) 15m基岩厚度

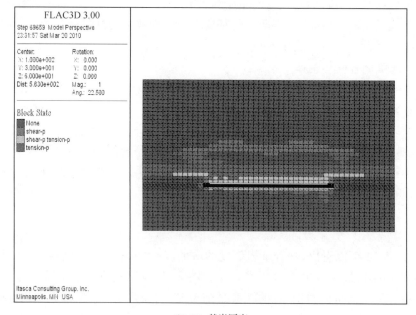

(b) 25m基岩厚度

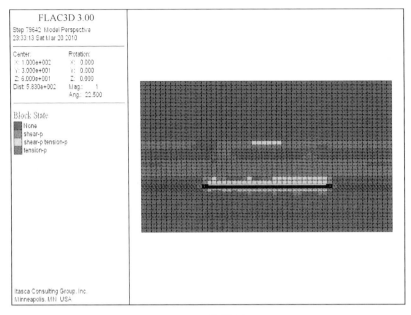

(c) 35m基岩厚度

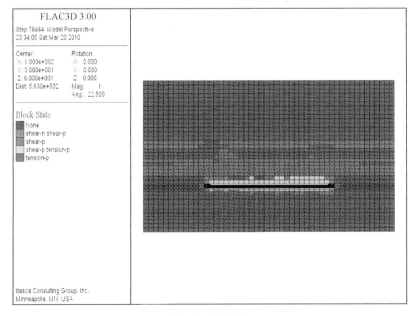

(d) 45m基岩厚度

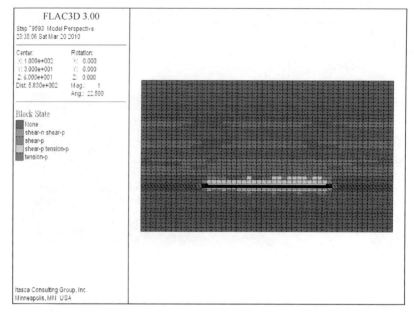

(e) 55m基岩厚度

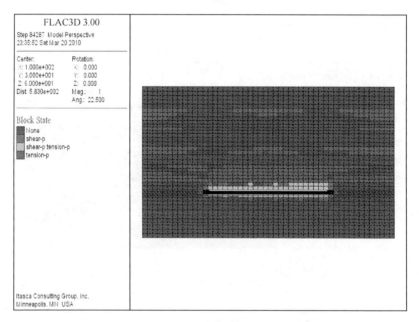

(f) 65m基岩厚度

图 5-13　不同厚度基岩条件下工作面围岩塑性区云图

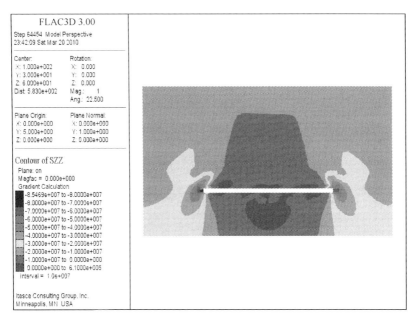

(a) 15m 基岩厚度

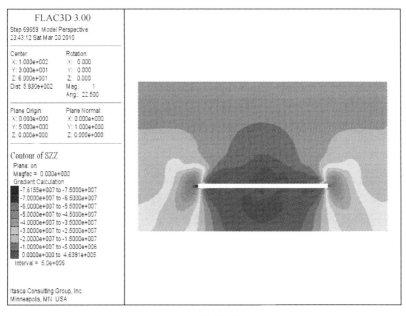

(b) 25m 基岩厚度

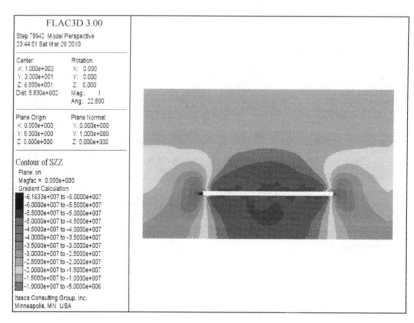

(c) 35m基岩厚度

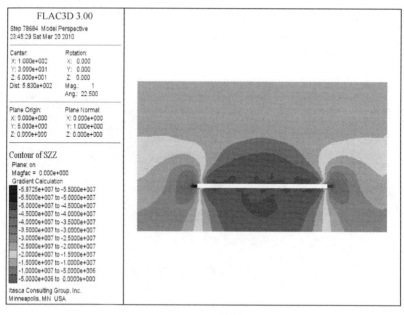

(d) 45m基岩厚度

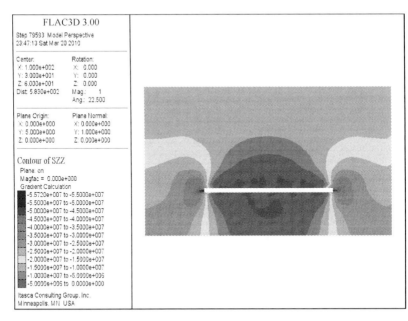

(e) 55m基岩厚度

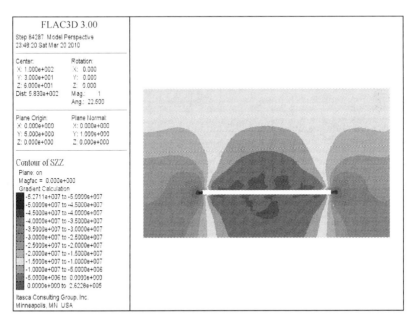

(f) 65m基岩厚度

图 5-14　不同厚度基岩条件下垂直应力分布云图

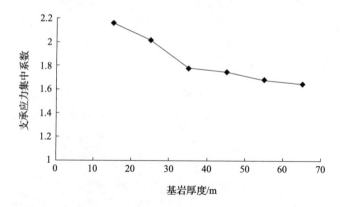

图 5-15　顶板应力集中系数与基岩厚度的关系

3. 计算步骤

图 5-16 为计算模型达到平衡时需要的计算步骤随基岩厚度变化的规律图,可以看出:基岩厚度在 45m 时,计算达到平衡需要的步数最少,说明基岩在 45m 时,工作面顶板可以快速达到平衡;基岩在 25m 时,由于基岩较薄不能够形成有效的承载结构,需要的步数较多。随着基岩厚度的增加,工作面达到平衡时需要的计算步数逐渐增加。

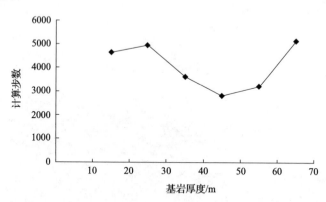

图 5-16　计算步数随基岩厚度变化规律

第6章 薄基岩煤层覆岩破坏高度

覆岩的破坏高度是进行水体下采煤、确定安全开采上限的重要参数,同时对于矿山压力显现与控制、开采方法及工艺的选择、具有瓦斯突出煤层解放层的开采及瓦斯抽放都具有重要作用。大量观测表明,采用全部垮落法管理采空区的情况下,采空区的覆岩根据破坏情况分为垮落带、裂隙带和弯曲带,其中垮落带和裂隙带高度是影响煤层开采的主要因素。本章从研究覆岩破坏高度的方法和影响覆岩破坏高度的主要因素入手,采用现场观测、物理模拟和数值模拟的方法对厚松散层薄基岩煤层的垮落带和裂隙带高度进行了研究,并建立了裂隙带高度预测的神经网络模型。

6.1 覆岩破坏高度的研究方法

从20世纪80年代开始,我国进行了许多水体下采煤的专题研究,其中对于垮落带和裂隙带高度的研究,主要是采用经验公式法、物理模拟、数值模拟和现场实测,并取得了一定的研究成果。

6.1.1 经验公式法

根据生产经验和现场观测结果,总结得出了大量的覆岩破坏高度经验计算公式,其中《建筑物、水体、铁路及主要井巷煤柱留设与压煤开采规程》一书中,给出了常用的计算公式。

煤层顶板覆岩内有极坚硬岩层,采后能形成悬顶时,垮落带高度计算公式为

$$H_m = \frac{M}{(k_p - 1)\cos\alpha} \tag{6-1}$$

式中,H_m 为垮落带高度,m;M 为煤层厚度,m;k_p 为垮落岩石碎胀性系数;α 为煤层倾角。

煤层顶板覆岩为坚硬、中硬、软弱、极软弱岩层或其互层时,开采单一煤层的垮落带高度为

$$H_m = \frac{M - u}{(k_p - 1)\cos\alpha} \tag{6-2}$$

式中,u 为顶板下沉量,m。

对于厚煤层分层开采,垮落带高度计算公式见表 6-1,煤层顶板覆岩为坚硬、中硬、软弱、极软弱岩层或其互层时,开采单一煤层和厚煤层分层时的导水断裂带高度见表 6-2 和表 6-3。

从表中各公式的应用条件可以看出,目前一些采煤方法无法进行计算,因此一些矿区根据现场观测和采煤经验得出了本矿区的经验公式,如垮落带和裂隙带高度分别是采高的几倍。由于经验公式自身的局限性,在生产实践中往往作为一个参考。

表 6-1　厚煤层分层开采时垮落带高度计算公式

覆岩岩性(单向抗压强度及主要岩石名称)	计算公式/m
坚硬(40~80MPa,石灰砂岩、石灰岩、砂质泥岩、砾石)	$H_m = \dfrac{100 \sum M}{2.1 \sum M + 16} \pm 2.5$
中硬(20~40MPa,砂岩、泥质砂岩、砂质页岩、页岩)	$H_m = \dfrac{100 \sum M}{4.7 \sum M + 19} \pm 2.2$
软弱(10~20MPa,泥岩、泥质砂岩)	$H_m = \dfrac{100 \sum M}{6.2 \sum M + 32} \pm 1.5$
极软弱(<10MPa,铝土岩、风化泥岩、黏土、砂质黏土)	$H_m = \dfrac{100 \sum M}{7.0 \sum M + 63} \pm 1.2$

注:$\sum M$ 为累计采厚,单层采厚 1~3m,累计采厚不超过 15m,±号项为中误差。

表 6-2　薄及中厚煤层和厚煤层分层开采时导水断裂带高度计算公式

岩性	计算公式/m	计算公式/m
坚硬	$H_l = \dfrac{100 \sum M}{1.2 \sum M + 2.0} \pm 8.9$	$H_l = 30 \sqrt{\sum M} + 10$
中硬	$H_l = \dfrac{100 \sum M}{1.6 \sum M + 3.6} \pm 5.6$	$H_l = 20 \sqrt{\sum M} + 10$
软弱	$H_l = \dfrac{100 \sum M}{3.1 \sum M + 5.0} \pm 4.0$	$H_l = 10 \sqrt{\sum M} + 5$
极软弱	$H_l = \dfrac{100 \sum M}{5.0 \sum M + 8.0} \pm 3.0$	—

注:$\sum M$ 为累计采厚。公式应用范围:单层采厚 1~3m,累计采厚不超过 15m。

表 6-3　倾角 55°~90°煤层跨落带与导水裂隙带高度计算公式

覆岩岩性	垮落带高度/m	导水裂隙带高度/m
坚硬	$H_m = (0.4 \sim 0.5)H_l$	$H_l = \dfrac{100Mh}{4.1h+133} \pm 8.4$
中硬、软弱	$H_m = (0.4 \sim 0.5)H_l$	$H_l = \dfrac{100Mh}{7.5h+293} \pm 7.3$

注：M 为煤层厚度，m；h 为工作面小阶段垂高，m。

6.1.2　物理模拟

物理模拟指的是实验室相似材料模拟试验。进行相似模拟试验需要首先建立开采煤层覆岩破坏的工程地质模型，然后结合矿区的地质结构特点和覆岩的物理力学性质，选取合适的相似材料建立相似模型。这个模型可以模拟煤层开采过程中的覆岩破坏过程、覆岩破坏特征和运动规律，并且可以模拟不同基岩条件、不同地质构造情况下的覆岩破坏规律和高度，达到垮落带和裂隙带的发育高度和计算方法，将其与经验公式得出的结果对比，并结合后面的方法，对建立的模型进行修正。

6.1.3　数值模拟

近年来，数值模拟方法得到了广泛应用和迅速发展，已成为工程领域进行力学分析的重要工具之一，尤其在解决复杂的岩石力学和岩土工程问题时尤为方便。在耦合问题和复杂的非线性问题求解过程中发挥着重要的作用。煤层开采之后其上覆岩层的破坏也是一个渐进的过程，具有一定的规律，这一过程可以采用过程分析方法来研究，但由于现场监测手段和物理模拟的限制，不能对这一过程信息有效获取，而数值模拟恰好解决了这一问题。

目前，许多学者通过进行假设，模拟煤层开采过程中的力学问题，取得了一些进展。在采用数值模拟确定垮落带和裂隙带高度的过程中，主要采用两种方法。

（1）利用弹塑性区分布确定垮落带和裂隙带范围。这种方法是通过不同的强度准则和屈服准则，采用不同的岩石力学参数计算岩石的弹塑性区范围。如武强、魏学勇[178]利用数值模拟的方法研究了开滦集团东欢坨矿北二采区的垮落带高度，袁景[179]利用数值模拟对谢桥煤矿 12013 工作面覆岩导水裂隙带高度进行了预测，陈荣华等[180]利用 RFPA 对煤层覆岩破坏高度进行了研究，刘志军、胡耀青[181]利用数值模拟分析了矿山压力与底板突水的关系。

（2）利用应力分布确定垮落带和裂隙带的范围。这种方法也是通过不同的强度准则和屈服准则，采用不同的岩石力学参数计算岩石的应力分布，得到每一点的应力值,通过应力状态判断该点是否发生破坏。徐国元、彭续承[182]在研究采用充填法进行采矿时顶板导水裂隙带发育分布规律,采用最大应力准则和莫尔-库仑准则确定了导水裂隙带的最大高度,采用无拉判据和莫尔-库仑准则对可能出现的导水裂隙带范围进行了判断。李海梅、关英斌[183]通过应力的最大值和最小值对岩层的破坏范围进行了判断。许家林、钱鸣高[184]利用莫尔-库仑塑性本构模型,把拉破坏作为岩层破坏的判别条件,当拉应力大于岩层的最大抗拉强度时,岩层即发生破坏。杜时贵、翁欣海[185]利用 Druckr-Prager 准则得到破坏之后的应力云图,通过应力云图确定了垮落带、裂隙带和弯曲带的范围,并给出了各带的高度。桂和荣、周庆福[186]利用 Druckr-Prager 准则作为判据,通过拉应力的大小判断导水裂隙带的范围。

总之,尽管数值模拟在计算确定覆岩破坏高度由于模型简化和假设等原因造成结果有所差异,但由于该方法使用起来简捷和方便,并且在一定程度上可以得出一些定性的结果,从而得到了广泛应用。该方法往往与物理模拟方法同时使用,以便互相验证。

6.1.4　现场实测

现场实测是准确获得覆岩破坏高度的主要方法,前面几种方法可以说都是辅助手段。目前比较常用的现场实测方法有注水实验法、高密度电法、超声成像法、声波 CT 层析成像法和地面钻孔法。

1. 注水实验法

该方法是采用钻孔两端封堵侧漏装置探测两带高度的一种较新的探测方法。这种方法可以在井下工作面附近的巷道或者硐室向采空区上方打小口仰上孔,也可以在煤层上方的巷道内往下打垂直孔进行观测。该方法首次使用是在肥城矿业集团有限责任公司(原肥城矿务局)的杨庄煤矿 8608 工作面,其目的是获得开采后导水裂隙带高度。其原理是:利用封堵装置对钻孔进行分段封堵,观测注水漏失量,根据观测得到漏失量大小探测岩层的裂隙发育情况,从而得到岩层的破坏规律。该方法观测结果准确,实验仪器简单,效果较好,可以在工作面进行多点观测。

2. 高密度电法

高密度电法的基本思想是由日本和英国的地球物理工作者最早提出来的,最初主要用于解决各种工程地质和水文地质问题。经过数十年的发展,该方法已经日臻成熟,在实际应用中取得了令人满意的地质效果。该方法的原理主要是依靠岩石的电阻率的差异。岩层在破坏之前其电阻率基本上是一定值,但岩层遭到破坏后,电阻率发生明显的变化,因此通过测量不同时期同一地点电阻率的变化情况,即可得出岩层的变形破坏情况,确定导水裂隙带的高度。一般情况下,在弯曲带,电阻率值是正常的 1.5 倍;在裂隙带,电阻率值是正常的 2.5 倍;在垮落带,电阻率值是正常的 4~5 倍[187]。

高密度电法主要有以下特点:

(1) 由于其电极是一次布置完成,不仅减少了因为电极设置而引起的故障和干扰,而且为野外快速获取数据和自动测量奠定了基础。

(2) 野外数据的采集实现了半自动化和自动化,数据采集速度快,避免了由于操作过程中失误出现的错误。

(3) 可以对采集的数据进行预处理并显示剖面曲线形态,还可以自动绘制和打印各种图件。

(4) 该方法成本、效率高,采集信息丰富,解释方便,勘探能力明显得到提高。

(5) 由于该方法采用的是自动读数,在工业流散电流干扰较大的矿区进行测量时不宜保证数据的准确性,观测效果降低,尤其电极极距较大时。

(6) 该方法主要用于浅部的电性异常性,在勘探深度较大时,使用受到限制。

(7) 该方法与注水实验法相比,由于是在地面进行的无损探测,初期费用较少,经济合理,精度较高。

3. 超声成像法

该方法是使用超声成像钻孔测井仪对钻孔进行扫描,通过分析扫描之后获得钻孔孔壁图像和曲线得出覆岩破坏和裂隙的发育情况,从而得出导水裂隙带的高度。其基本原理是:不同的岩层结构具有不同的声波阻抗,当沿钻孔孔壁传播的超声波通过不同的岩层结构时,在超声波图像上就会显示出不同的颜色,“深色”表示声幅弱,“浅色”表示声幅强。同时,裂隙具有吸收声阻抗,使其声波强度减弱的特点,根据这些特点即可判断导水裂隙带的高度[188]。

实践表明该方法可以生动再现覆岩的破坏规律,其测试设备先进,结果直观,适合在岩层取心率较高的地区使用。若该法和钻探或者其他手段配合使用,效果更佳。

4. 声波 CT 层析成像法

岩石的声波波速与岩石的物理力学性质有相关性,声波波速与岩石抗压强度成正比,当岩石强度较大时,声波速度较高,岩石的完整性好,波速降低,岩石的完整性随之降低。声波 CT 层析成像法就是利用岩石的这一性质,将人工激发的声波,通过岩层的传播,利用传感器探测接收数据,根据一定的物理数学关系,得出声波在岩层的传播速度和声波图像,以此判别岩层的破坏情况[189]。

5. 地面钻孔法

地面钻孔法是通过从地面向采空区打钻的方式,根据钻探过程中出现的一些突变特征判断垮落带和裂隙带的高度。该方法的优点是不影响生产,不受井下地质条件的限制,施工工具简单,可以在多种地质条件下应用;主要问题是成本较高、钻孔容易走偏,成功率较低。

6.2　覆岩破坏高度的主要影响因素

本书所研究问题的范围是在近水平煤层或缓倾斜煤层条件,中厚煤层综采覆岩破坏特征。根据现场生产经验和实测、相似模拟试验和数值模拟,影响覆岩破坏高度的主要因素有开采方法、煤层倾角、煤层厚度、覆岩岩性和结构、地质结构、开采厚度、工作面几何参数和开采时间等因素,下面分别对其阐述。

6.2.1　开采方法与开采厚度

覆岩破坏高度及其变化规律随着开采方法的不同也随之不同,其主要原因是开采方法的不同初次或者一次采全高的高度不同,如炮采一般在 2m 左右,最高在 3m 左右,综采一般为 2.5～3.5m,大采高一般在 6m 左右,综采放顶煤一般为 5～10m,甚至更高,从而使覆岩破坏高度与开采厚度的关系出现明显的差异。

图 6-1 为研究得出的曲线,从该图可以看出,在薄煤层单层开采或中厚及厚煤层分层初次开采时,导水断裂带高度与采厚呈线性关系,即随着采厚的增加,断裂

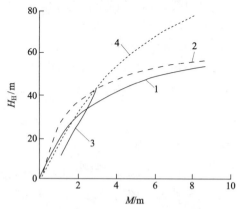

图 6-1　导水断裂带最大高度与采厚的关系

1 为国内中硬覆岩炮采;2 为兴隆庄煤矿综合机械化分层开采;3 为国内薄煤层单层开采
或中厚及厚煤层分层初次开采;4 为兴隆庄煤矿

带高度增加,如图中曲线 3 所示;在分层开采厚及特厚煤层时,断裂带高度与采厚呈分式函数关系,即随着采厚的增加,断裂带增加的幅度越来越小,如图中曲线 1、2 所示;综采放顶煤时,断裂带高度与采厚的关系呈分式函数关系,如图中曲线 4 所示[190,191]。

顶板的管理方法决定着覆岩破坏的基本特征和最大高度。目前顶板管理方法主要有全部垮落法、充填法和条带开采,不同的管理方法形成不同的覆岩破坏高度,其中全部垮落法对覆岩的破坏影响最大。

本书研究的是综采厚煤层全部垮落法条件下覆岩破坏高度,因此在后面的预测模型中不再考虑采煤方法和顶板的管理方式。

6.2.2　覆岩岩性和结构

1. 覆岩岩性

通常按照煤层上覆岩层的单轴抗压强度将覆岩结构划分为坚硬-坚硬型、软弱-坚硬型、坚硬-软弱型和软弱-软弱型。但是由于岩层岩性变化较大,在实际中顶板并不是这么理想,这里只是为了研究的需要和方便,将覆岩组合进行简化。

四种类型的覆岩岩性组合及其覆岩破坏发育过程如下[192]:

(1)坚硬-坚硬型。在未开采之前,这种岩性组合的覆岩其稳定性最好;开采后,在采动影响下,下部的岩层发生冒落,顶板原有的稳定结构被打破。在顶板冒落过程中,采空区被冒落后的岩块充填,冒落过程发育充分,但由于基本顶可以形成承压结构,覆岩的下沉量较小。在冒落过程中,冒落带上方的岩层发生开裂后不易闭合,很难恢复原有的隔水能力,此时裂隙带高度最大。

(2)软弱-坚硬型。开采过后,直接顶发生冒落,基本顶发生下沉,但下沉量较小,采空区被冒落的直接顶岩块充填,冒落过程也较为充分,此时裂隙带可以发育到坚硬岩层,由于坚硬岩层的力学性质不同,岩层形成自承压结构,裂隙带高度到坚硬岩层底面终止,此时裂隙带高度也较大。

(3)坚硬-软弱型。开采后,直接顶发生垮落,由于基本顶较软不能形成承载结构,并且随着直接顶的垮落下沉,减少了开采空间和冒落岩层本身的空间,造成冒落过程不充分,导水裂隙带高度较小。

(4)软弱-软弱型。由于该种类型的覆岩稳定性较差,工作面推过之后顶板立即发生冒落,并且基本顶也随之下沉,开采空间和冒落岩层本身的空间缩小,顶板冒落得不到充分发展,裂隙带发育受到限制,高度最小。

2. 覆岩结构

煤系地层的岩体结构以层状结构为主,岩体结构对覆岩的移动破坏起控制作用,通过研究可以把覆岩的结构分为层状完整结构岩体、层状断裂结构岩体、层状板裂结构岩体、层状碎裂结构岩体、散体结构岩体。

(1)层状完整结构岩体。该结构的岩体由于完整性较好,具有较高的强度,破坏性结构面较少,在开采过程中对于覆岩的移动起到控制作用,或者弯曲下沉,或者自身形成结构不发生移动和破坏,或者发生周期性断裂,对裂隙带的发育具有控制作用。

(2)层状断裂结构岩体。该结构的岩体由于内部存在断裂结构面,造成岩体强度比完整性结构岩体降低,在断裂结构面容易形成应力集中,促使岩体在这些应力集中处发生破坏。

(3)层状板裂结构岩体。该结构是目前地层中最常见的岩体结构类型,完整结构岩体和断裂结构岩体在发生离层和离层错位后容易产生板裂结构。这类岩体在覆岩破坏中的表现主要取决于结构体和结构面的性质。岩体强度越低,单层厚度越小,越容易发生垮落,但在冒落过程中难以发育充分,裂隙带高度的发育也受到了限制。反之,岩体强度越高,层厚越大,越不易发生冒落,容易形成大面积悬顶,并且容易产生离层,但一旦发生冒落,冒落过程就会充分发展,使裂隙带高度得到明显增大。

(4)层状碎裂结构岩体。该类岩体在开采过程中容易失稳冒落,在倾角不大的煤层,直接顶冒落之后充填采空区,上覆岩层随之下沉,一般不会形成永久的离层现象,但岩层冒落不充分,采动裂隙带发育高度不大;当煤层倾角较大时,岩层容易发生滑动,垮落带和裂隙带高度均比水平煤层时大。另外,垮落带和裂隙带高度还与岩体自身的物理力学性质、结构面的构成有关。

(5)散体结构岩体。该类结构的岩体强度较低,随着工作面的推进容易发生冒落,上覆岩层也随之发生弯曲下沉,并且在工作面上方容易发生抽冒现象,造成发生顶板溃砂、突水事故。当煤层开采深度较小时,冒落有可能一直延伸到地表,覆岩破坏严重,这种结构对水体下开采尤为不利。

6.2.3　地质结构

地质结构对覆岩破坏高度的影响因素主要是指地层中存在的断层构造,已有研究表明[193],当断层落差较大且断层内充填物为松散岩体时,工作面接近断层,由于采动影响,断层容易发生活化,若与含有地下水的地层发生相连,容易发生抽冒事故,造成顶板发生整体性或者大面积垮落,严重的会延伸至地表,地表形成塌陷坑;当断层落差较小,且其内部充填物密实程度较好时,对岩层移动破坏影响不大。根据实验和观测,当工作面的走向与断层的走向相同,且采掘方向与断层的倾向相反时,断层对导水裂隙带高度影响较小;当工作面走向与断层的走向垂直或者成一定倾角时,断层对覆岩破坏影响较小;当断层在导水裂隙带发育范围时,其影响较小;但当断层位于导水裂隙带边缘或者范围之外时,在断层附近的导水裂隙带高度要大,具体如图 6-2 所示。

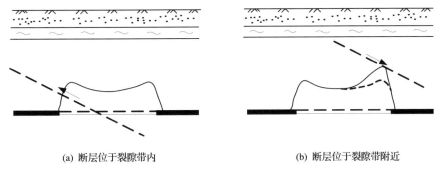

(a) 断层位于裂隙带内　　　　　　　　　　　(b) 断层位于裂隙带附近

图 6-2　断层对导水裂隙带高度影响示意图

6.2.4　煤层倾角

煤层倾角对导水裂隙带高度的影响按照煤层倾角大小一般分为水平和缓倾斜煤层、倾斜煤层、急倾斜煤层[194]。

(1) 水平和缓倾斜煤层(0°~25°)。由于煤层倾角较小,顶板发生冒落之后,一般不会沿着倾向发生滑落,整个采空区垮落带的高度基本上相等,层位相同,采空区上方形成典型的两端高、中间低的马鞍形,其上方的应力分布也基本上呈中央对称分布。

(2) 倾斜煤层(25°~45°)。由于倾角加大,顶板垮落之后会沿倾向发生滑动,仰斜开采时,采空区容易被冒落的岩块充填,造成冒落不充分,裂隙带高度发育有限;当采用俯斜开采时,采空区的冒落时间较长,冒落过程充分,裂隙带高度明显加大。

(3) 急倾斜煤层(45°~90°)。煤层倾角明显加大,冒落的岩块不但沿着倾向发生滑落,而且是大面积的滑落,并且会引起煤层发生抽冒。倾角越大,顶底板岩石强度越大,煤层硬度越低,煤层发生抽冒的可能性和抽冒面积就越大。

6.2.5　工作面几何参数

工作面几何参数主要是指工作面的走向长度和倾斜长度。研究表明,决定垮落带和裂隙带高度的参数是工作面的最小边长,即走向长度或者倾向长度。由于往往采用走向长壁开采,因此工作面的倾斜长度很重要。当倾斜长度一定时,在煤层开采未达到充分采动之前,裂隙带高度随着工作面的推进不断增加,一直到煤层达到充分采动。当工作面走向长度和倾斜长度相同时,导水裂隙带高度达到最大,且高度随着工作面的推进不再增加,导水裂隙带形成典型的拱形。

6.2.6　时间

时间是影响导水裂隙带高度的又一个因素。导水裂隙带的发育分为两个阶段:达到最大值之前和之后。在达到最大值之前,导水裂隙高度随着时间的延长而增加,但增加的速度与覆岩的岩性有关。对于具有裂隙的中硬覆岩,一般在回采1~2个月内导水裂隙带达到最大值;对于比较完整的坚硬覆岩,导水裂隙带达到最大值的时间稍微长一些;而对于比较软弱的覆岩,由于岩石强度较低,不能形成稳定的承载结构,导水裂隙带高度达到最大值的时间更短,在20天左右。在达到最大值之后,在自重应力影响下,有些裂隙被压实,裂隙带高度降低,尤其对于强度较低的覆岩,对于比较坚硬的覆岩,导水裂隙带最大高度则不会发生变化。

6.3　基于人工神经网络的裂隙带高度预测

6.3.1　BP算法的改进

人工神经网络模仿人脑神经的活动,力图建立脑神经活动的数学模型。神经网络的研究工作已有60多年的历史,根据连接方式的不同,神经网络主要分为两大类:无反馈的前向神经网络和相互连接型网络(包括反馈网络),前向神经网络分为输入层、隐含层和输出层。隐含层可以有若干层,每一层的神经元只接收前一层神经元的输出。而相互连接型网络的神经元相互之间都可能有连接,因此,输入信号要在神经元之间反复往返传递,从某一初态开始,经过若干次变化,渐渐趋于某一稳定状态或者进入周期震荡等其他状态。

迄今为止,约有40种神经网络模型,其中具有代表性的有BP网络、回归BP网络、GMDH网络、径向基函数RBF、感知器、CG网络、BSB模型、Hopfield神经网络、BCM、CPN、Madaline网络、自适应共振理论、雪崩网络、双向联想记忆网络、学习矩阵、神经认知机、自组织映射等。这些已有神经网络可以分为三大类,即前向神经网络、反馈型神经网路和自组织神经网络[195]。

本书导水裂隙带高度的建模采用目前最为广泛的BP网络算法。其基本思想:学习过程由信号的传播和误差的方向传播两个过程组成。在正向传播时,输入信息从输入层经隐含层处理后传向输出层,每一层神经元的状态只影响其下一层神经元的状态,若输出层未得到期望的输出,则转入误差的反向传播,输出误差通过隐含层向输入层返回,作为修改各神经元权值的依据。这种信号正向传播与误差反向传播的各层权值调整过程,是周而复始进行的。此过程一直进行到网络输出的误差减少到可接受的程度,或进行到预先设定的学习次数为止。

设单隐含层的三层前馈BP网络的输入层有 n 个神经元,$X \in R^n$,$X = (x_1,$

$x_2, \cdots, x_n)^{\mathrm{T}}$；第二层有 n_1 个神经元，$X' \in R^{n_1}$，$X' = (x_1', x_2', \cdots, x_n')^{\mathrm{T}}$；输出层有 m 个神经元，$Y \in R^m$，$Y = (y_1, y_2, \cdots, y_m)^{\mathrm{T}}$。输入层与隐含层之间的权重为 ω_{jk}，阈值为 θ_k。其中，$i = 1, 2, \cdots, n; j = 1, 2, \cdots, n_1; k = 1, 2, \cdots, m$。各神经元输出满足：

$$y_k = f\left(\sum_{j=1}^{n_1} \omega_{jk} x_j - \theta_k\right) \tag{6-3}$$

$$x_j' = f\left(\sum_{i=1}^{n} \omega_{ij} x_i - \theta_j\right) \tag{6-4}$$

通过 P 个实际的样本对 $(x^1, y^1), (x^2, y^2), \cdots, (x^P, y^P)$ 的训练，其目的是得到神经元之间的连接权 ω_{ij}、ω_{jk} 和阈值 θ_j、θ_k，使其映照成功。若输入的学习样本为 P 个，$x^1, x^2, \cdots, x^P$，已知其对应的期望输出为 $t^1, t^2, \cdots, t^P$，学习算法是将实际输出 $y^1, y^2, \cdots, y^P$ 与 $t^1, t^2, \cdots, t^P$ 的误差来修改其权值和阈值，使其尽可能的接近。第 P_l 个样本输入到网络，得到输出 $y_l, l = 1, 2, \cdots, m$。其误差为各输出单元误差之和，即

$$E_{P_1} = \frac{1}{2} \sum_{l=1}^{m} (t_{e'}^{P_e} - y_{e'}^{P_e})^2 \tag{6-5}$$

对于 P 个样本学习，其总误差为

$$E_{\text{总}} = \frac{1}{2} \sum_{P_l}^{P} \sum_{l=1}^{m} (t_l^{P_l} - y_l^{P_l})^2 \tag{6-6}$$

按照梯度算法，修改连接权重的原则是失踪的误差向减小的方向变化，直到满足一定的条件。通过对各层误差导数的计算，得到每一层权值的迭代公式为

$$\omega_{jk}'(n+1) = \omega_{jk}'(n) + \eta \sum_{l=1}^{P} \delta_{jk'}^{P_l} x_j'^{P_l} \tag{6-7}$$

$$\delta_{jk'}^{P_l} = (t_l^{P_l} - y_l^{P_l}) y_l^{P_l} (1 - y_l^{P_l})$$

式中，η 为步长。

$$\omega_{ij}(n+1) = \omega_{ij}(n) + \eta \sum_{l=1}^{P} \delta_{jk}^{P_l} x_j'^{P_l} \tag{6-8}$$

$$\delta_{jk}^{P_l} = \sum_{k=1}^{m} \delta_{ik}^{P_l} \omega_{jk}' x_j^{P_l}(1 - x x_j^{P_l})$$

以上为三层 BP 网络各层之间权修正的基本表达式。整个网络学习过程分为两个阶段：第一阶段是从网络的输入端开始向前计算，如果网络的结构和初始权已设定，输入已知学习样本，可按公式计算每一层的神经元输出；第二阶段是对权值和阈值的修正，这是从输出层向后进行计算和修改，从已知输出层的误差修改与输

出层相连的权,然后修改隐含层的权,两个过程反复交替,直到收敛为止。

　　研究表明,BP 网络在实际应用中存在两个缺陷:一是在存在较多局部极小点的情况下,容易陷入局部误差极小点,二是网络的收敛速度与学习精度存在矛盾。因此,在此基础上加入动量法和学习速率自适应调整两种策略[196,197],改进的 BP 网络和改进的算法为

$$\omega(k+1) = \omega(k) + \alpha\big[(1-\eta)D(k) + \eta D(k-1)\big] \qquad (6-9)$$

$$D(k) = \frac{-\partial E}{\partial \omega(k)}$$

式中,$\omega(k)$ 为单个权值或权值向量;$D(k)$ 为 k 时刻的负梯度;$D(k-1)$ 为 $k-1$ 时刻的负梯度;α 为学习率;η 为动量因子,$0 \leqslant \eta < 1$。

　　自适应调整学习速率有利于缩短学习时间,改进算法为

$$\omega(k+1) = \omega(k) + \alpha(k)D(k) \qquad (6-10)$$

$$\alpha(k) = 2^{\lambda}\alpha(k-1)$$

$$\lambda = \text{sign}[D(k)D(k-1)]$$

当连续两次迭代梯度方向相同时,表明下降太慢,可使步长加倍,反之,表明下降过头,这时可以使步长减半。

　　采用 Levenberg-Marquardt(L-M)优化算法,求解问题的速度会大幅度提高,但这种方法需要很大的存储空间,其权值调整率为

$$\Delta\omega = (J^{\mathrm{T}}J + \mu I)^{-1}J^{\mathrm{T}}e \qquad (6-11)$$

式中,J 为误差对权值微分的 Jacobian 矩阵;e 为误差向量;μ 为一个标量,称为自适应调整量,当 μ 很大时,上式趋于梯度法,当 μ 很小时,上式变成了 Gauss-Newton 法。

　　本书采用上述两种方法形成的 BP 改进神经网络算法,可以确保网络具有较好的收敛性,提高网络的学习速度和模型的精度,避免出现局部极小点问题。

6.3.2　选择学习和训练样本

　　根据国内顶板导水裂隙带高度观测数据,在分析研究的基础上,确定用于建立导水裂隙带高度计算的改进 BP 网络模型学习和训练样本,见表 6-4。将其中的 12 组数据作为正常训练数据,3 组为测试数据。

　　根据表 6-4 所列样本,采深 H 的最大值为 550m,最小值为 49m;煤层倾角 α 最大值为 37°,最小值为 0°;煤层厚度 M 最大值为 8.0m,最小值为 1.70m;顶板岩石单轴抗压强度 σ 最大值为 114MPa,最小值为 15MPa;开采厚度 m 最大值为 8.0m,最小值为 1.70m;采空区斜长 l 最大值为 200m,最小值为 55m;裂隙带高度 h 最大

表 6-4　导水裂隙带高度的学习和训练样本

序号	煤矿名称	采深/m	煤层倾角/(°)	煤层厚度/m	煤层硬度	岩层结构	单轴抗压强度/MPa	采厚/m	采空区斜长/m	裂隙带高度/m
1	东欢坨	420	23	3.70	硬	硬-软	44.60	3.70	70	56.80
2	祁东	550	15	2.40	硬	硬-软	71.00	2.40	180	55.32
3	范各庄	173	20	3.38	硬	硬-硬	69.00	1.90	70	25.30
4	柳花岭	89	7	2.10	硬	硬-硬	114.40	2.03	69	45.86
5	童亭	230	37	2.00	软	软-软	21.32	2.00	85	52.50
6	祁连塔	56	0	4.50	硬	硬-硬	74.00	4.30	55	42.50
7	鲁西	350	5	2.50	硬	软-软	32.00	2.50	135	20.00
8	潘谢	117	2	3.40	硬	软-软	30.00	3.40	200	72.00
9	杨庄	320	6	1.70	软	硬-软	90.00	1.70	65	27.50
10	八矿	150	23	6.00	硬	软-软	23.00	2.00	174	58.40
11	兴隆庄	450	8	8.00	硬	硬-软	45.00	8.00	170	86.80
12	铁北	125	5	8.00	软	软-软	15.00	3.00	150	22.00
13	林南仓	282	8	4.80	硬	硬-软	45.60	4.00	71	33.00
14	乌兰	101	1	3.20	硬	软-软	25.20	2.20	158	63.00
15	大柳塔	49	5	6.00	硬	软-软	34.50	4.00	135	45.00

值为 86.80m,最小值为 20.00m。对于煤层的硬度,硬煤取 0.8,软煤取 0.4;岩层结构以直接顶、基本顶的岩性特征分为硬-硬、软-硬、硬-软和软-软,分别取值为 1、0.75、0.50、0.25。对上述数据进行按照式(6-12)归一化处理,将输入、输出数据转化为区间[−1,1]量纲值。

归一化处理公式为

$$x_n = \frac{2(X_n - X_{\min})}{X_{\max} - X_{\min}} - 1 \tag{6-12}$$

式中,x_n 为各类参数第 n 个归一化处理后数据;X_n 为各类参数第 n 个数据;$X_{\max}$、$X_{\min}$ 分别为各类参数的最大值和最小值。

表 6-5 为进行处理到[−1,1]内的数据结果。

6.3.3　模型结构

本书采用具有一个隐含层的三层 BP 改进模型,基本结构是:输入层为 8 个节点,分别是采深 H、煤层倾角 α、煤层厚度 M、煤层硬度 f、岩层结构 F、顶板岩石单轴抗压强度 σ、开采厚度 m 和采空区斜长 l。输出层为 1 个节点,表示裂隙带高度。

对于隐含层,根据多次训练和经验,节点数选取 17。网络模型的结构如图 6-3 所示。

表 6-5　样本数据的处理结果

序号	采深 /m	煤层倾 角/(°)	煤层厚 度/m	煤层 硬度	岩层 结构	单轴抗压 强度/MPa	采厚 /m	采空区 斜长/m	裂隙带 高度/m
1	0.481	0.2432	−0.3651	1	−0.3333	−0.4044	−0.3651	−0.7931	0.1018
2	1	−0.1892	−0.7778	1	−0.3333	0.1268	−0.7778	0.7241	0.0575
3	−0.505	0.0811	−0.4667	1	1	0.0865	−0.9365	−0.7931	−0.8413
4	−0.8403	−0.6216	−0.8730	1	1	1	−0.8952	−0.8069	−0.2257
5	−0.2774	1	−0.9048	−1	−1	−0.8728	−0.9048	−0.5862	−0.0269
6	−0.9721	−1	−0.1111	1	1	0.1871	−0.1746	−1	−0.3263
7	0.2016	−0.7297	−0.7460	1	0.3333	−0.6579	−0.7460	0.1034	−1
8	−0.7285	−0.8919	−0.4603	1	0.3333	−0.6982	−0.4603	1	0.5569
9	0.0818	−0.6757	−1	−1	−0.3333	0.5091	−1	−0.8621	−0.7754
10	−0.5968	0.2432	0.3651	1	−1	−0.8390	−0.9048	0.6414	0.1497
11	0.6008	−0.5676	1	1	−0.3333	−0.3964	1	0.5862	1
12	−0.6966	−0.7297	1	−1	−1	−1	−0.5873	0.3103	−0.9401
13	−0.0699	−0.5676	−0.0159	1	−0.3333	−0.3843	−0.2698	−0.7793	−0.6108
14	−0.7924	−0.9459	−0.5238	1	−1	−0.7948	−0.8413	0.4207	0.2874
15	−1	−0.7297	0.3651	1	−1	−0.6076	−0.2698	0.1034	−0.2515

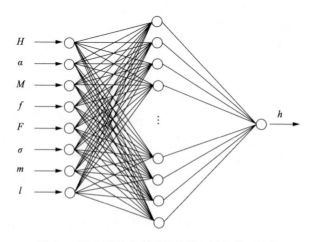

图 6-3　导水裂隙高度计算的神经网络模型结构

6.3.4　网络的学习训练

　　为了提高效率,利用 MATLAB 软件中的神经网络工具箱进行网络训练。神经网络工具箱是利用 MATLAB 语言开发的众多工具箱之一,是以人工神经为基础,用 MATLAT 语言构造出来的典型的神经网络激活函数,使用者可以对选定的网络输出计算,直接调用激活函数。本书采用 MATLAB 7.0 编写改进的 BP 神经网络训练程序,调用工具箱中的神经网络的设计训练程序,达到预测底板破坏深度的目的。

　　本模型采用了 BP 算法和上边两种改进的 BP 算法分别进行训练,训练函数分别为 traingdm、traingda 和 trainlm,传递函数选用 logsig、tansig 和 purelin,目标误差设定为 0.001,学习速率为 0.01,学习速率增加的比例和减少的比例分别设定为 1.05 和 0.7,动量常数为 0.9。

　　采用三种算法对建立的神经模型进行训练,其训练误差随迭代次数的变化趋势如图 6-4～图 6-6 所示。从图中可以看出,改进后的 BP 算法其收敛速度明显优于 BP 算法。图 6-7～图 6-9 是三种方法得出的样本预测值与实测值的对比图,从图中可以得出,BP 算法训练误差最大,带动量的学习率自适应算法其次,L-M 优化算法得出的训练误差最小。总体上来说,神经网络对训练样本的预测拟合有很高的精确性。

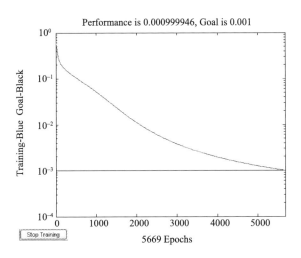

图 6-4　BP 算法训练误差随迭代次数变化曲线

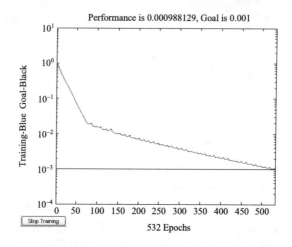

图 6-5　学习率自适应算法训练误差随迭代次数变化曲线

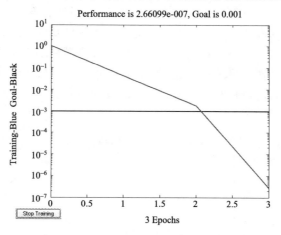

图 6-6　L-M 算法训练误差随迭代次数变化曲线

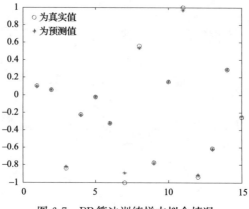

图 6-7　BP 算法训练样本拟合情况

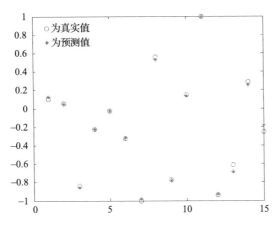

图 6-8　学习率自适应算法训练样本拟合情况

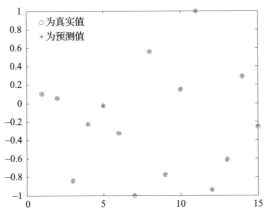

图 6-9　L-M 算法训练样本拟合情况

6.4　赵固一矿覆岩破坏高度研究

6.4.1　现场实测

1. 观测方法

覆岩破坏高度实测是水体下采煤的一项重要内容。查清覆岩破坏的发育高度及其分布形态是实现水体下安全采煤的重要手段,而只有直接进行现场实测才能获得准确、可靠的覆岩破坏高度,才能够为实现水体下安全采煤提供可靠的依据。现场观测覆岩破坏高度的方法主要有地面钻孔观测法和井下仰上孔观测法。

（1）地面钻孔观测法。工作面开采后在采空区上方施工钻孔，通过观测钻孔中冲洗液漏失量和钻孔水位的变化，确定导水裂隙带高度；通过观测掉钻、吸风等钻机异常，确定垮落带高度。具有准确性高、成功率高的优点，缺点是占用土地，当钻孔深时工程费用高。

（2）井下仰上孔观测法。在工作面附近巷道内适当位置向工作面采空区上方扇形施工一组钻孔，一般为 5 个。向钻孔中注水或注风，通过漏水或漏风量确定导水裂隙带的高度。当钻孔进入垮落带时难以钻进和保存，通过离工作面采空区最近可成钻的空间关系，推断垮落带高度。优点是当地面无施工条件或地面钻孔工程量大时可以进行"两带"探测，缺点是准确性较差，成功率较低，特别是观测垮落带高度十分困难。

鉴于赵固井田具有松散层厚度大、基岩柱薄，观测垮落带为重点和地面具有钻孔施工条件的特点，最终决定采用地面钻孔的方法观测覆岩破坏高度，特别是垮落带高度。在松散层厚度达 518m 包括多层含水层砂砾层条件进行地面"两带"孔施工在国内尚无先例。

2. 钻孔布置及结构

根据已有资料和现场条件，在 11011 工作面布置两个"两带"观测钻孔，编号 SD-01 和 SD-02，钻孔结构如图 6-10 所示，工程量见表 6-6，钻孔结构如下：

（1）SD-01 孔。0～250m 孔径为 311mm，安装 ϕ219mm 护壁套管；250～469.88m 孔径为 215mm，469.88～519.84m 孔径为 190mm。

（2）SD-02 孔。0～11.99m 孔径为 311mm，安装 ϕ219mm 护壁套管；11.99～358.71m 孔径为 215mm，358.71～500.20m 孔径为 190mm，安装 ϕ159mm 止水套管 500.20m；500.20～547.35m 孔径为 133mm，为裸孔。

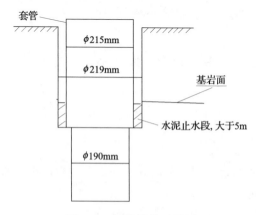

图 6-10　钻孔结构示意图

表 6-6　工程量情况表

孔号	终孔深度/m	见基岩深度/m	揭露基岩厚度/m	测井深度/m	终孔斜度/(°)	岩心采取率/%	土工样/组	岩石力学样/组
SD-01	519.84	516.80	3.04	—	—	76.2	5	1
SD-02	547.35	517.10	30.25	543.90	1	—	—	—

　　钻孔深部岩性结构见表 6-7。由表可见新近系地层深部仍然是黏-砾-黏结构，上部为厚层黏土 20.90～46.60m，中间夹砾石和黏土夹砾石层，下面又是厚层黏土，最下的砾石层在埋深 500m 和 476m 左右，有一定含黏量，富水性弱。底部隔水的黏土层和黏土夹砾石厚 16.03～39.15m。

表 6-7　"两带"孔深部岩性结构

SD-01	Z：+81.5m，钻探判层		SD-02	Z：+81.5m，电测井判层	
层厚/m	埋深/m	岩性	层厚/m	埋深/m	岩性
46.60	476.95	黏土	20.90	456.05	黏土
8.27	485.22	铝质黏土	3.35	459.40	黏土夹砾石
10.58	495.80	黏土	4.20	463.60	黏土
4.50	500.77	砾石	2.60	466.20	砂质黏土
7.24	508.01	黏土	4.40	470.60	砾石
7.13	515.14	黏土	3.40	474.00	黏土
1.66	516.80	砂质黏土	2.55	476.55	砾石
3.04	519.84	粗砂岩	6.05	482.60	黏土
			4.05	486.65	黏土夹砾石
			7.05	493.70	砂质黏土
			0.70	495.80	黏土夹砾石
			0.40	496.20	黏土
			1.15	497.35	砂质黏土
			3.50	500.85	黏土
			5.35	506.20	黏土夹砾石
			0.90	507.10	黏土
			0.65	507.75	黏土夹砾石
			9.35	517.10	黏土
			13.08	530.18	粗砂岩
			5.94	536.12	泥岩
			11.18	547.30	砂质泥岩

3. 施工过程和问题处理

1) SD-01 孔

原设计钻孔安装两路套管,第一路封闭埋深 250m 以上的第四系砂砾含水层,第二路下至基岩风化带以下,封闭新近系砂砾含水层和基岩风化带含水层,然后观测导水裂隙带和垮落带高度。

该钻孔第一路套管顺利完成后,当该孔钻进至孔深 430.35m 处发生漏水,漏失量达 19.84m^3/h,经堵治后不再漏水;再进入基岩后又发生严重漏水,漏失量达 24m^3/h;当安装套管扩孔时先后在孔深 510.01m、505.27m、469.88m 发生严重漏水,漏水层位逐渐上升,漏失量分别达 19.2m^3/h、19.2m^3/h 和 18.4m^3/h;钻孔坍塌、缩径现象严重,下钻遇阻,钻具下入孔深逐步变浅,导致下入的 ϕ219mm 护壁管变形折断,最终钻具仅能下到 170m,找不到原孔,采取多种方案处理无效,无法继续施工。因此,决定在本孔位置向南移 5m 左右再施工 1 个 SD-02 孔。

分析 SD-01 孔失败的原因主要包括以下几个方面。

(1) 由于基岩柱薄采动裂隙已经波及基岩风化带含水层,受采动影响该含水层的导水性显著增强,当钻孔进入该含水层后,出现严重漏水现象,使钻孔难以继续下第二路套管。由于钻孔冲洗液漏失造成塌孔,难以钻进观测。

(2) 松散层厚度大,砂层多,工作面开采后上覆岩层由下向上逐层下沉,由于黏土为半固结或硬塑状态,因此松散砂层可动态产生厚度增大或产生离层,导致砂层由下向上导水性剧烈增大,使钻孔漏水量大增。

(3) 工作面开采后上覆岩层出现水平、倾斜、弯曲等移动变形,导致第一路套管变形,钻杆难以找到老孔。

2) SD-02 孔

鉴于赵固一矿东一盘区具有留设防砂煤岩柱的条件,因此垮落带高度是留设防砂煤岩柱厚度的关键参数。由于导水裂隙带已经波及基岩风化带,难以进行观测,钻孔只需取得垮落带高度。针对覆岩的岩性和变形特点,经协商决定,为确保 SD-02 孔观测垮落带高度,决定在新近系底部厚黏土层中安装第二路套管,确保钻孔顺利进入基岩。在基岩段采用不取岩心快速钻孔,以防掉钻和吸风等现象,确定垮落带高度。

该孔钻进中在孔深 494.16m 处发生严重漏水,最大漏失量达 51m^3/h。后来使用钠土粉 12000kg 和 5m^3 锯末堵漏成功。在基岩段孔深 530~547.35m 钻进时,发现有钻机震动、发响,偶有卡钻、掉钻现象,并且在孔深 547.00m 处又一次发生严重漏水,漏失量达 51m^3/h。随后提钻,在孔口用打火机做试验,孔内有吸风现象,已具备了进入垮落带的基本情况,决定终孔。

4. 垮落带高度

当 SD-02 孔钻进至 547m 时,钻孔出现冲洗液漏失量突然增大、不反浆,并伴有卡钻、掉钻等现象,岩心为较为破碎的砂岩。提钻后在孔口用打火机试验有向孔内吸风现象,据此判定孔深 547m 处为垮落带顶点位置。

孔口地表标高为 81.5m,钻孔处煤层底板标高为 −485m,垮落带高度具体计算见公式,即

$$H_{垮} = H - M - h_{垮} + W \tag{6-13}$$

式中,$H_{垮}$ 为垮落带高度,m;H 为煤层底板距离孔口垂深,$485 + 81.5 = 566.5$(m);M 为钻孔处煤层厚度,取 6.4m;$h_{垮}$ 为垮落带顶点距离孔口垂深,取 547m;W 为打钻观测时裂隙带岩层的压缩值,一般取 0,m。

代入数据计算得到垮落带高度为 13.1m。工作面推过钻孔位置时,3 次探测的采高为 3.37m、3.43m 和 3.41m,平均为 3.40m,计算垮采比为 3.85。

5. 导水裂隙带高度

当 SD-01 和 SD-02 孔进入基岩后钻孔大量漏水,分析认为由于基岩厚度薄,风化带为砂岩含水层,采动裂隙带已经波及该含水层,因此已经无法观测到导水裂隙带高度的顶点位置,只能通过岩柱厚度进行推断裂高的范围。

裂隙带高度计算公式为

$$H_{裂} = H_D - H_S - M_F \tag{6-14}$$

式中,H_D 为煤层顶距离孔口垂深,$485 + 81.5 - 6.4 = 560.1$(m);H_S 为 SD-02 孔松散层孔深,取 517.10m;M_F 为 SD-02 孔风化砂岩厚度,取 13.08m。

则导水裂隙带的高度为

$$H_D - H_S - M_F = 560.1 - 517.10 - 13.08 = 29.9(m)$$

按平均采高 3.40m,表明导水裂隙带高度大于 29.9m,裂采比大于 8.59。

6.4.2　相似模拟试验

图 6-11 为相似模拟试验工作面开采覆岩最终形成的三带高度。随着工作面的向前推进,顶板不断发生变性破坏,经过观察分析,垮落带高度为 15m,裂隙带高度为 32m。

第 5 章已对 11011 工作面开采过程进行了模拟,计算得到 11011 工作面在综采条件下的最大裂隙带高度和垮落带高度分别为 29.8m 和 15m。

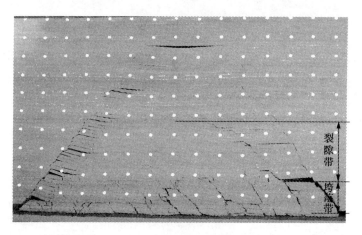

图 6-11　相似模拟试验覆岩破坏形态

6.4.3　结果对比

表 6-8 为测试样本对训练好的神经网络模型进行性能检验,采用模型得出的计算结果与现场实测值的对比。通过两个数据的对比可知:赵固一矿底板破坏深度计算的最大绝对误差为 2.9,最大相对误差为 9.93%,说明建立的基于人工神经网络的裂隙带高度预测模型具有较高的精度,可以用于实际的现场预测。

表 6-8　计算结果与实测结果对比

煤矿名称	实测值	人工神经网络计算值	绝对误差	相对误差
赵固一矿	29.2	32.1	2.9	9.93%

表 6-9 为采用不同方法得出的导水裂隙带。从表 6-6 可以看出,采用四种方法计算得出的导水裂隙带高度差别较小,说明计算结果可以用于指导生产。

表 6-9　导水裂隙带结果对比

煤矿名称	实测值	人工神经网络计算值	相似模拟试验	数值模拟
赵固一矿	29.2	32.1	32	29.8

第7章 突水威胁工作面底板破坏深度

具有突水威胁的工作面能否发生突水取决于底板隔水层厚度及其隔水能力,而影响底板隔水能力的主要因素包括回采过程中底板破坏深度和承压水原始导升高度,因此研究底板的破坏深度对于判断底板是否会发生突水以及发生突水的危险程度具有重要意义。本章从对突水威胁工作面底板破坏深度的现场探测入手,分析影响底板破坏深度的主要因素,基于SVM建立底板破坏深度的预测模型。

7.1 底板破坏深度探测

7.1.1 观测原理

目前,对于工作面底板破坏深度现场测试方法很多,主要有钻孔注水法、电磁波法、钻孔声波法、震波CT技术、超声成像法和应力应变技术,本次测试采用的是矿井直流电法的对称四极剖面法。

矿井直流电法又称为矿井电阻率法,其原理与地面电阻率法相同,它通过一对接地电极把电流供入大地中,而通过另一对接地电极观测用于计算岩石电阻率必需的电位或电位差信息。对于矿井电阻率而言,供电、测量电极通常布置在巷道顶、底板或者巷道侧帮上,用各种方法去观测巷道周围稳定电流场的分布、变化规律,借以了解巷道顶、底板或所在岩层内的地质情况[198]。

在矿井中进行的对称四极电剖面法观测,供电电极 A、B 和测量电极 M、N 布置在同一条巷道剖面中,且保持电极距不变,使得电流场分布范围基本不变,逐点观测 ΔU 和 I,然后计算视电阻率,计算公式为

$$\rho_s = K \cdot \Delta U / I \qquad (7\text{-}1)$$

式中,K 为电极装置系数;ΔU 为测量电极 M、N 之间的电位差;I 为供电电流强度。

$$K = \pi \cdot AM \cdot AN / MN \qquad (7\text{-}2)$$

式中,AM、AN 和 MN 分别为电极 A 与电极 M、电极 A 与电极 N 和电极 M 与电极 N 之间的距离。

根据场的叠加原理容易证明,对称四极剖面法的测量结果和相同极距联合剖面法的测量结果存在以下关系,即

$$\rho_s^{AB} = \frac{1}{2}(\rho_s^A + \rho_s^B) \tag{7-3}$$

式(7-3)表明,对称四极剖面法视电阻率曲线等于相同极距联合剖面曲线的平均值。这样,便无须专门计算对称剖面法的理论曲线,只要取联合剖面 ρ_s^A 及 ρ_s^B 曲线的平均值便可以得到相应的电断面上对称剖面的理论曲线。

矿井直流对称四极电剖面法仍属于视电阻率法的范围,是根据在工作面回采前后底板岩石的视电阻率的变化情况判断底板岩层的破坏情况,从而确定由于回采矿压引起的底板破坏深度。底板岩层未受采动影响处于原岩状态,观测得到岩层视电阻率初始背景值,若测定区域无构造扰动,同一层位测得的视电阻率剖面曲线基本为直线,其数值为原岩视电阻率值。工作面向前推进,底板岩层由于支承压力作用而破碎,电极电缆周围的岩层被破坏,若岩层破坏后裂隙未充水时电极测量得到的视电阻率值明显变大;但岩层破坏后岩层裂隙内被水充满时测得的视电阻率值将急剧减小;因此得到底板岩层破坏后的视电阻率值曲线与原始视电阻率曲线有明显的拐点。采煤工作面的继续推进,支承压力逐渐减小并趋于稳定,底板破碎的岩层在顶板冒落岩石作用下被压实,电极测得岩层视电阻率值将略有变化。底板岩层初始视电阻率值比较稳定,受采动影响底板岩层破碎区域视电阻率值急剧变化,工作面采过之后破碎岩层视电阻率值略有变化并逐渐趋于稳定。

7.1.2　现场观测

1. 观测仪器

本次测试采用的是 WDJD-3 多功能数字直流激电仪,如图 7-1 所示。该仪器广泛应用于金属与非金属矿产资源勘探、城市物探、铁道桥梁勘探等方面,亦用于寻找地下水确定水库坝基和防洪大堤隐患位置等水文工程地质勘探中,还能用于地热勘探。

图 7-1　WDJD-3 多功能数字直流激电仪

2.观测方法

(1)在 11011 工作面未回采区域的轨道巷外侧选择适当位置施工钻场,在钻场内向工作面采空区方向施工长短两个倾斜钻孔,钻孔俯角分别为 20°和 30°,钻孔施工完毕后利用塑胶管作为伴管和持力管将专门电极电缆顺入孔中,待电极电缆顺到钻孔内部预定位置后采用高压注浆封孔,注浆材料采用 5:1 的黏土和水泥浆混合物;由于钻孔在施工过程中接触到了 L_8 灰岩水,水头压力达到 5MPa 以上,因此采用超过 10MPa 的高压力注浆从而避免了钻孔在工作面回采后期形成了人为导水通道,并且注浆能使电极电缆很好与底板岩层相接触,减小因接触不良而导致的异常点出现。

(2)电缆电极是根据观测钻孔特点专门加工的。俯角 20°的钻孔长度大,采用每 2m 一个电极,电极间的深度差为 0.68m;俯角 30°钻孔,每隔 1m 安装一个电极,电极间的深度差为 0.5m,如图 7-2 所示。

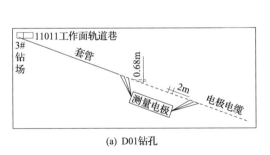

(a) D01钻孔

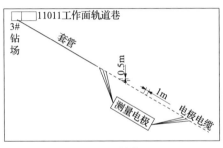

(b) D02钻孔

图 7-2　电缆电极结构示意图

(3)数据观测使用 WDJD-3 直流电法仪自动记录数据,操作简单,仪器携带方便;受周围环境影响较小,误差不大;观测准备工程量小,节省资金;观测电极基本不受采动矿压影响,电极与岩石接触良好,真实反映岩层破坏情况;钻孔周围岩层破坏后对数据观测影响不大,易于重复观测,电极电缆埋设在底板岩层中可以全程监控底板岩层视电阻率的变化,间断性重复采集工作面推进过程中底板岩层视电阻率数据并进行分析,得到底板岩层在回采过程中的破坏规律及底板岩层最大破坏深度数值。

3.钻孔布置

底板破坏观测钻孔在 11011 工作面轨道巷外帮 3# 钻场内施工,两个钻孔施工在钻场采空区一侧煤壁的同一高度上,钻孔孔口在煤壁距离底板设计高度为 0.4m,如图 7-3 和图 7-4 所示。

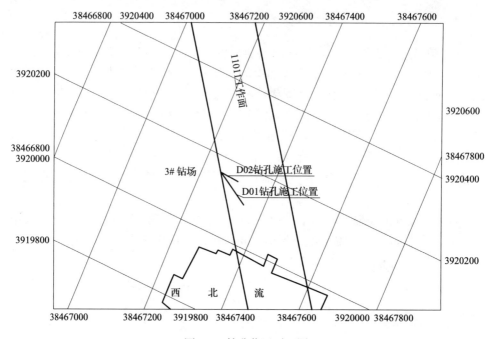

图 7-3　钻孔位置平面图

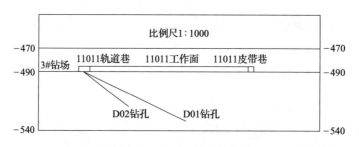

图 7-4　钻孔位置剖面图

为了减小钻孔施工及高压注浆封孔对两个钻孔之间的相互影响,两个钻孔在平面位置上错开,其测量结果分别控制不同的剖面,其最后的结果相互验证。考虑11011工作面底板条件的复杂性,结合计算所得的底板破坏最大深度理论值,将每个钻孔设计终孔深度均大于底板破坏深度极大值位置。设计的两个钻孔直径为94mm,其他参数如图7-5和图7-6所示。

4. 施工技术要求

(1)安装电极电缆。钻孔达到设计深度后,采用 ϕ25mm 塑料水管作为伴管将电极电缆送入钻孔指定位置;并利用该水管返浆封孔。

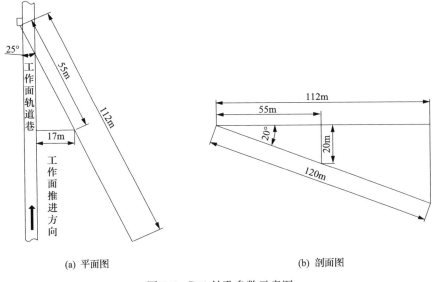

(a) 平面图　　　　　　　　　　　　(b) 剖面图

图 7-5　D01 钻孔参数示意图

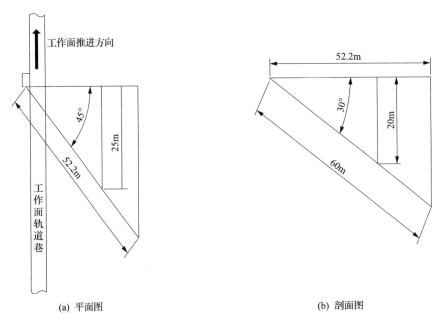

(a) 平面图　　　　　　　　　　　　(b) 剖面图

图 7-6　D02 钻孔参数示意图

（2）注浆封孔。封孔材料采用黏土和水泥砂浆混合全孔封闭,黏土∶水泥为
5∶1。考虑现场地质条件,确保在钻孔施工过程中出现异常情况而不能及时解决
时能够及时封堵钻孔确保工作面正常作业的安全,确定 D01 钻孔下放 45m 套管;
D02 钻孔下放 25m 套管。

(3) 电极电缆保护。为保障长期观测,需保护电极电缆观测接头,加工专门木箱并且加锁保护电极电缆观测接头以避免非人为损坏。

7.1.3　观测成果分析

矿井直流电法观测得到的底板岩层视电阻率数值,从直流电法观测的角度而言,其数据结果具有多解性。直流电法所测得的视电阻率剖面曲线是在测线方向上一定勘探体积范围内介质电性变化的综合反映,针对底板破坏深度而言,其数据揭露的结果是测线垂直剖面内在测线垂直方向上部或下部的两种结果。在特定的煤层赋存地质条件下,工作面回采过后底板岩层形成马鞍形破坏区域形态是一定的,其最大破坏深度也会稳定在一定的范围内。因此,为了针对性地解决直流电法数据多解性问题,本次观测采用改变供电极距的办法,分别采取单倍距、双倍距和三倍距在同一时期内重复观测底板岩层的视电阻率,获取底板破坏深度的唯一解。

为了准确地定位底板破坏深度,首先选择受钻孔注浆和采动影响较小的 D02钻孔观测数据进行分析,得出观测数据分析方法与底板最大破坏深度。

1. 底板岩层视电阻率变化规律

按照赵固一矿已有的矿压资料,工作面超前支撑压力影响距离在 30m 左右。为了能够取得足够的数据分析工作面采动对底板岩层的破坏影响以及底板岩层在工作面回采过程中的破坏规律,电极电缆安装完成之后总共进行了十多次的数据观测,选择采动过程中五次在理论上最能反映工作面采动对底板岩层破坏影响的数据曲线进行分析。

图 7-7 为五次数据观测时工作面相对钻场平面位置,亦即为工作面回采位置相对于电极电缆端部水平位置。

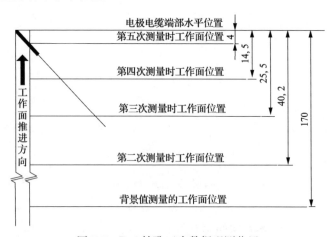

图 7-7　D02 钻孔五次数据观测位置

根据各次测量的数据,分别得到工作面推进过程中电极电缆单倍距(AB/2＝1.5m)、双倍距(AB/2＝3m)和三倍距(AB/2＝4.5m)三种情况下的视电阻率观测曲线,如图 7-8～图 7-10 所示。

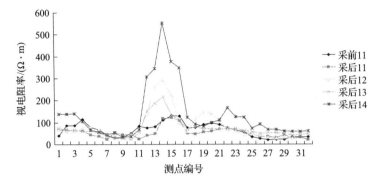

图 7-8　D02 钻孔单倍距测量数据图

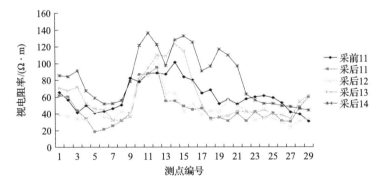

图 7-9　D02 钻孔双倍距测量数据图

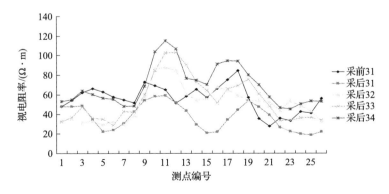

图 7-10　D02 钻孔三倍距测量数据图

1) 单倍距数据分析

由图 7-8 可见：

(1) 单倍距观测结果表明电极电缆周围岩层初始视电阻率背景值比较稳定，基本在 40～140Ω·m，中间局部较大，为岩层岩性变化所致。

(2) 工作面回采之后，电极电缆两端数据变化不大，在浅部和深部皆未触及岩体破碎带，视电阻率基本和背景值一致。中部 11～17# 测点视电阻率数值较背景值明显增大。以 14# 点为例，背景值为 105Ω·m，第二次观测时工作面刚刚采过电极电缆端部水平位置，电极电缆周围岩层视电阻率总体降低，视电阻率值为 103Ω·m，第三次为 300Ω·m，第四次为 205Ω·m，第五次为 550Ω·m，视电阻率增大近 5.2 倍。

2) 双倍距数据分析

由图 7-9 可见：

(1) 双倍距观测结果表明视电阻率背景值为 40～100Ω·m；采后第一、二次测量时视电阻率小于背景值，因为此时底板岩层处于工作面煤壁下方的压缩区内，岩层被压实而使小裂隙闭合，使得底板岩层视电阻率变小。采后第三、四次测量视电阻率有小幅度的增大，底板岩层受到小幅度破坏产生一些小裂隙导致。

(2) 底板岩层破坏相对于工作面推进过程有一个滞后过程，工作面采过之后视电阻率在 10～16# 测点之间有明显的变大现象，视电阻率较背景值增大 1 倍多。

3) 三倍距数据分析

由图 7-10 可见：

(1) 三倍距观测结果表明视电阻率背景值为 35～90Ω·m。

(2) 采后第一次测量视电阻率小于背景值是由于岩层处于压缩区时裂隙闭合。采后第二～四次测量的数据皆大于背景值；底板破坏深度的极大值位置出现在三倍距 15# 测点位置，视电阻率较背景值增大不足 1 倍。

2. 底板破坏深度空间定位方法

地球物理探测技术的最关键部分是观测成果解释，而定量解释物探成果也是技术难点。直流电法在地面探测地下导水构造方面是比较成熟的技术，但由于钻孔中电极电缆周围岩层是全空间的，因此底板岩层视电阻率与底板导水破坏深度的关系尚有待深入研究与探讨。

1) 观测成果的地质点定位

直流电法四极剖面观测法观测数据所代表的地质点为四个电极中间距电缆 1/3 的位置。钻孔中电极周围岩层是全空间的地质体，所以理论上地质点应为一个圆环。进行三种电极距观测则形成三层圆环,三个圆环剖面位置如图 7-11 所示。例如,一倍距第 1 个观测数据的地质点为 A101,二倍距第 15 个观测数据的地质点为 A215。考虑到水体上采煤的安全性,选择电缆下面的地质点。

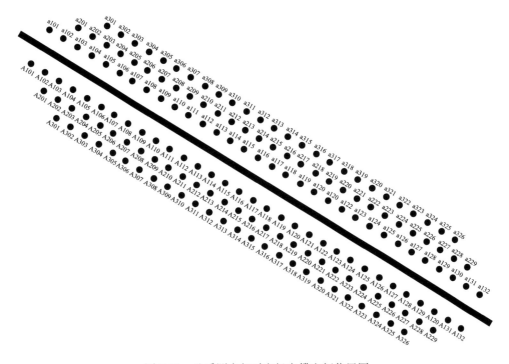

图 7-11 地质测点相对电极电缆空间位置图

2) 底板导水破坏深度的定位方法

根据视电阻率变化特征,确定适当的临界视电阻率值,从而确定底板破坏深度是该方法应用的重要内容。鉴于物探方法的多解性和复杂性,观测成果的解释有多种方法。

(1) 倍数确定法。通过杨村煤矿 301 工作面瞬变电磁探测覆岩破坏与兖州煤田钻探"两带"成果对比,获得基岩的背景电阻率为 22~28Ω·m,导水裂缝带视电阻率为 30~50Ω·m,大于背景值 1.36~1.79 倍;垮落带视电阻率为 150~190Ω·m,大于背景值 6.8 倍以上,如图 7-12 所示。通过研究和对比"导水裂缝带和垮落带"实测资料表明,在弯曲变形带内,岩体的电阻率有所减小;在导水裂缝带中,其上部裂隙发育弱,岩层电阻率值一般是正常值的 1.5 倍左右,而在该带下部裂隙发育,其电阻率值是正常值的 2.3 倍左右;在垮落带中,采后一定时间内松散岩块被压实,视电阻率远比正常值大得多,一般是正常值的 6 倍以上。这样,便可按照电阻率值的变化情况来确定"三带"的范围。

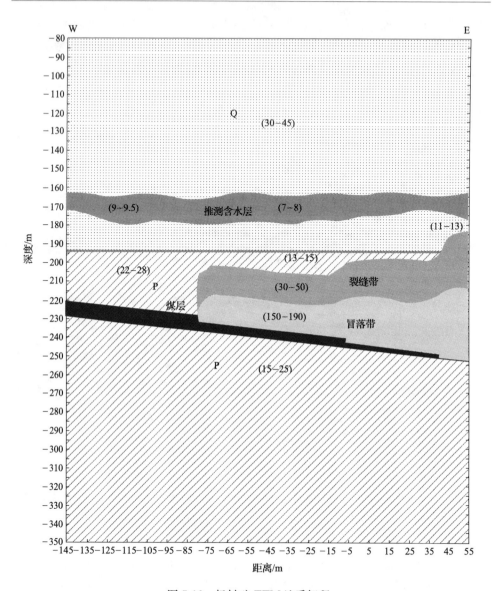

图 7-12　杨村矿 TEM 地质解释

（2）异常区确定法。绝大多数电磁法探测均是通过确定正常区域岩体的背景视电阻率，然后将高于背景视电阻率的区域划为异常区。该方法主要适用于对边界要求不高的探测。例如，刘店煤矿采用电法探测巷道松动圈时，根据以往经验砂岩的视电阻率为 $100\sim1000\Omega\cdot m$，结合探测结果确定 $1000\Omega\cdot m$ 作为松动圈的分界。

（3）类比确定法。由于不同矿区、不同岩性的岩体电阻率差异大，因此难以采取通用的方法对底板导水破坏深度这种要求精确的界面进行解释划分。采用类比法,即根据本矿区的钻孔测井资料和电法在采前观测获得背景视电阻率值;根据本矿区以往瞬变电磁观测,钻孔注水探测和理论预计底板破坏深度结果对比电法采后观测结果,然后确定视电阻率的临界值或倍数,用于解释本矿区的电法观测成果。

　　综合分析认为钻孔电法观测底板破坏深度应采用倍数确定法,选取岩层电阻率值一般是正常值的 1.5 倍作为底板破坏深度的边界。

3. 底板破坏深度确定

1) 视电阻率变化的位置

　　为了得到在工作面回采过程中底板破坏深度的极大值位置以及出现极大值时底板破坏深度的极大值位置距工作面煤壁的距离,将观测所得的视电阻率数据曲线与工作面实际位置相合成,如图 7-13~图 7-15 所示。

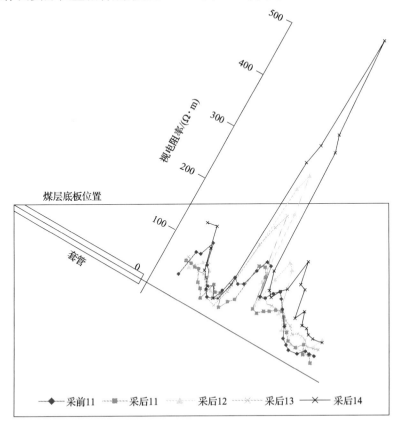

图 7-13　D01 钻孔单倍距测量数据曲线合成图

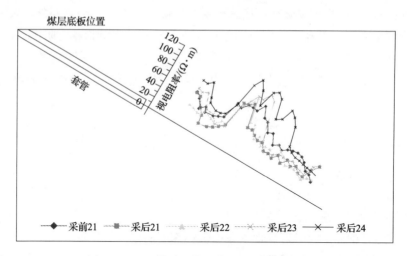

图 7-14　D01 钻孔双倍距测量数据曲线合成图

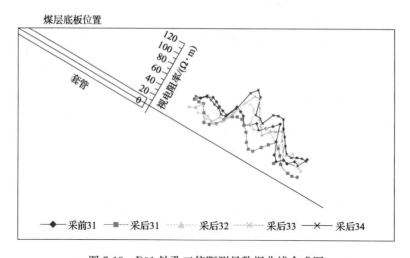

图 7-15　D01 钻孔三倍距测量数据曲线合成图

由图 7-13～图 7-15 分析可得:底板岩层视电阻率出现明显变大是在第三次测量时,异常区单倍距测量数据显示在 A117 测点位置,双倍距才发展到 A213,三倍距出现在 A313 测点位置;第四次观测数据时,异常区双倍距已经发展到 A216 测点,三倍距异常区发展至 A315 测点,并且此时所得的极大值与后面稳定状态下测得的极大值位置相同。第四次测量数据结果分析已经得出底板异常区深度最大值位置与第五次在稳定状态下观测数据分析结果一致。

2）底板破坏最大深度确定

根据倍数确定法,赵固一矿通过对比认为取视电阻率异常段最深探测点,大于 1.5 倍背景视电阻率值为底板导水破坏深度的临界值,从而确定一倍距 17♯测点的地质点(A117)为底板破坏深度极大值位置,深度为 23.48m(图 7-16)。

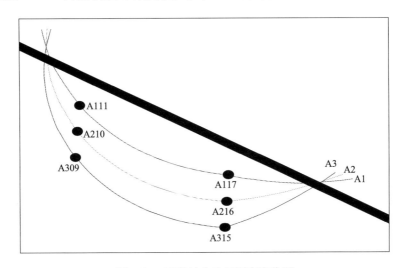

图 7-16　底板导水破坏深度定位图

底板岩层视电阻率在第四次测量时底板破坏深度出现极大值,极大值位置在 A117 测点位置,此时 A117 测点在水平方向上距电极电缆端部位置为 26.7m,而且 A117 测点距煤层底板在垂向深度上为 23.48m。第四次测量时工作面煤壁距电极电缆端部位置距离为 14.5m,如图 7-17 所示。

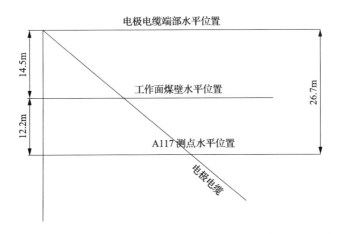

图 7-17　D02 钻孔底板破坏深度极大值位置与工作面煤壁距离示意图

由图 7-17 可以看出,当底板破坏深度发展到极大值位置时,底板破坏的极大值位置与工作面煤壁水平距离为 12.2m;底板破坏深度的极大值为 23.48m。

4. D01 孔观测数据分析

由于 D01 钻孔长、钻孔直径与电缆和伴管之间的间距小,因此电极电缆在安装过程中有两个电极被破坏而使 D01 钻孔电极电缆在数据采集过程中不能正常得出所需的全部数据,影响了对 D01 钻孔观测数据的分析研究。

下面对其中五次观测数据进行分析。图 7-18 为各次电极电缆数据观测时工作面与 3# 钻场的相对位置,亦即工作面与电极电缆端部位置。

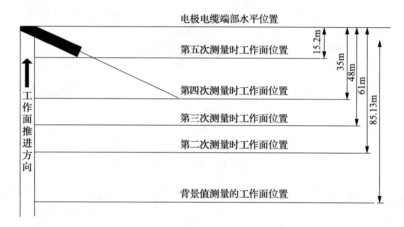

图 7-18 D01 钻孔视电阻率测量时工作面回采位置图

根据 D01 钻孔电极电缆各次观测视电阻率数据,得到在工作面推进过程中视电阻率数据曲线,如图 7-19～图 7-21 所示。

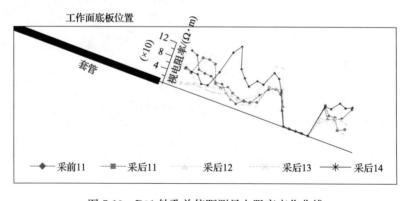

图 7-19 D01 钻孔单倍距测量电阻率变化曲线

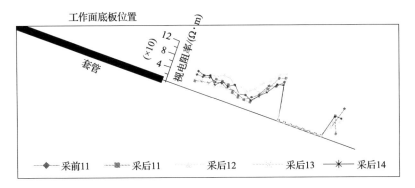

图 7-20　D01 钻孔双倍距测量电阻率变化曲线

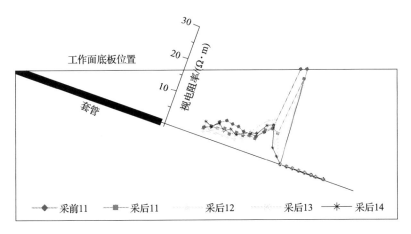

图 7-21　D01 钻孔三倍距测量电阻率变化曲线

1）单倍距数据分析

由图 7-19 可得：

（1）电极电缆观测所得的视电阻率背景值不稳定，在未破坏区域视电阻率稳定区较小，但背景值作为对比分析数据，因此也能反映底板岩层视电阻率原始值情况。

（2）分析后三次观测所得视电阻率可知，浅部视电阻率基本小于背景值，是因为浅部岩层被破坏，水浸入破坏岩层使岩层视电阻率值变小，而第三次与第四次数据浅部视电阻率数值基本相当，呈现出稳定发展趋势，反映了岩层破坏后的视电阻率变化。

（3）电极电缆 11～13♯测点观测数据在整个观测过程中基本在背景值上下波动，而 14～16♯测点则在采后受采动影响视电阻率值明显变大，并且发展趋势稳定，表明此区域内岩层被破坏；其后数据受到被破坏电极影响，未能反映出真实变化情况。

（4）在电极电缆被破坏电极影响区以外的深部岩层视电阻率观测结果较为凌乱，影响未知。

2）双倍距数据分析

由图 7-20 可得：

（1）电阻率背景值较单倍距稳定，浅部基本稳定在 $35\sim65\Omega\cdot m$，中部视电阻率值变大，视为岩性变化，这点和 D02 钻孔所得的观测数据可以相互验证。

（2）电极电缆受采动影响后在浅部数据变化不大，基本与背景值一致；在中部位置，即在 $11\sim14\#$ 测点内视电阻率值相对背景值有变大的趋势，且变化趋势比较稳定，说明该段电极电缆处于岩层的破坏区。

（3）由于双倍距观测范围增大，使得被破坏电极影响范围亦增大，$15\#$ 测点以后基本受到影响，无法分析后续深部岩层视电阻率受采动影响情况。

3）三倍距数据分析

由图 7-21 可得：

（1）三倍距观测时电极电缆监测范围变大，深部视电阻率观测基本不受注浆影响，因此观测得到的视电阻率值变得更加稳定，基本在 $55\sim75\Omega\cdot m$。

（2）在浅部，岩层视电阻率值基本和背景视电阻率值一致，基本无变化；从 $11\#$ 测点开始，视电阻率值相对背景值有小趋势的变化，开始变大而后面集体变小，变小区域（$13\sim14\#$ 测点区）已经受到被破坏电极影响，但是数据表现出集体变小趋势，因此得出结论为，$11\#$ 测点已经处于导水破碎带内，而破坏深度的极大值位置由于后面被破坏电极的影响而未能得到。

7.2　底板岩体破坏的相似模拟试验

7.2.1　模型设计

赵固一矿二₁煤平均埋深 580m。根据地质模型与开采技术条件，设计并构建了承压水体上采煤平面相似模型。模型长 1.8m，宽 0.16m，铺设高度 1.2m，其中煤层底板 32cm，煤层 6cm，上部岩层 82cm，其余覆岩重量用配重模拟。图 7-22 为建成的承压水体上采煤相似模拟模型预测点布置图。模型相似比为 1：100。

岩层及模型物理力学参数同表 3-6，材料配比见表 3-7，表 7-1 分别为材料配比和材料用量。在制作模型时，按照 8% 的比例在配料中加入水，分层铺设，每次铺设厚度为 $1.8\sim2.2cm$。

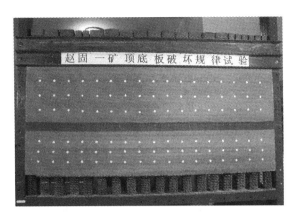

图 7-22　承压水体上采煤相似模拟试验模型

表 7-1　模型铺设分层材料用量表

层号	岩性	层厚/cm	分层及厚度/cm	每分层总质量/kg	配比	每分层用砂量/kg	每分层用灰量/kg	每分层用膏量/kg	每分层用水量/kg
1	泥岩	8	4×2	9.33	10：9：1	8.48	0.76	0.08	0.75
2	中砂岩	13	4×2.17	10.11	8：5：5	8.99	0.56	0.56	0.81
3	泥岩	16	8×2	9.33	10：9：1	8.48	0.76	0.08	0.75
4	细砂岩	12	6×2	9.33	9：7：3	8.40	0.65	0.28	0.75
5	砂质泥岩	9	5×1.8	8.40	9：8：2	7.56	0.67	0.17	0.67
6	中砂岩	10	5×2	9.33	8：5：5	8.30	0.52	0.52	0.75
7	泥岩	6	2×3	9.33	10：9：1	8.48	0.76	0.08	0.75
8	煤层	6	3×2	9.21	9：6：4	8.3	0.55	0.37	0.75
9	砂质泥岩	6	3×2	9.33	9：8：2	8.40	0.75	0.19	0.75
10	砂岩	8	4×2	9.33	7：5：5	8.17	1.58	1.58	1.75
11	泥岩	8	4×2	9.33	10：9：1	8.48	0.76	0.08	0.75
12	砂质泥岩	10	5×2	9.33	9：8：2	8.40	0.75	0.19	0.75

7.2.2　试验结果分析

1. 底板岩层应力分布

试验开始,首先进行开切眼,然后工作面自切眼处自左向右进行开挖,每次开挖 5m。随着开挖距离的增加,工作面上覆岩层的基本顶、直接顶经历岩层离层、断裂直到垮落的过程。图 7-23 为距离工作面不同位置煤层底板不同深度压力分布情况。从该图可以看出,在工作面后方,压力呈现下降趋势,而在工作面的前方压力呈现上升趋势,其中在工作面的前后 20m 之间为压力变化敏感阶段,该阶段压力集中系数最大达到 1.15,最小压力集中系数为 0.68。从该图还可以看出,距离煤层越近,压力变化受开采的影响越大,压力值跳跃变化越大。另外,工作面前方的底板压力会出现降低的现象,这主要是由于承压水压力作用的结果。

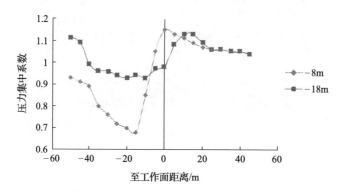

图 7-23　煤层底板不同位置不同深度压力分布

2. 底板岩层移动特征

图 7-24 为距离煤层 8m 的底板岩层位移情况。从该图可以看出,在矿山压力和承压水作用下,工作面后方的岩层由于在采空区范围内卸压,底板会出现底臌现象,尤其是在采空区 10m 以后,变化比较明显,底臌变形加剧,随着采空区远离工作面,底臌变形逐渐趋于稳定。而在工作面的推进前方,由于受到矿山压力作用和承压水作用,底板岩层受到压缩作用,变形情况不明显。可以看出,位于采空区的底板岩层主要是由于受到承压水压力的作用而发生向上弯曲变形,煤壁受到剪切作用,而当压力达到岩体的最大强度时,底板岩层就会发生变形破坏。

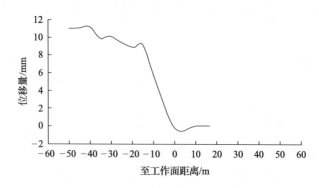

图 7-24　工作面底板 8m 处岩层移动变形情况

3. 底板岩层的破坏过程及特征

试验过程中,当工作面推进 25cm 时,底板岩层开始发生明显的破裂,出现微小的裂隙,但裂隙尺寸小;当工作面推进到 60cm 时,裂纹的长度明显增加,如图 7-25 所示,深度达到 10cm,此时底板的破坏主要为拉伸、剪切破坏。随着工作面的继续推进和时间的增加,底板岩层中的破坏裂隙继续发展和延伸,破坏深度继续增加,如图 7-26 所示,随着工作面向前推进,底板岩层中不断出现新的裂隙,并且老的裂隙继续发展和延伸,但当推进到一定距离后,距离较远的裂隙发展缓慢,甚至不再发展,最终形成与采空区贯通的倾斜裂隙,裂隙最深为 23cm,水平长度为 16cm,与水平方向成 15°~60°的夹角。

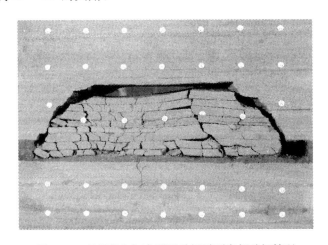

图 7-25　底板发生初次明显破坏时顶底板破坏情况

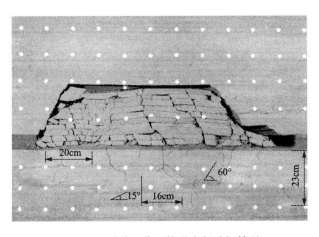

图 7-26　随着工作面推进底板破坏情况

　　同时,底板岩层破坏裂隙的继续发展具有时间效应。当试验结束后,不立即拆除试验模型,而是对底板的破坏变形继续观察,此时发现底板岩层中的裂隙在矿山压力和承压水压的作用下,继续发展和延伸。这就是采空区在承压水作用下经常发生底板破坏而导致突水事故发生的主要原因。

　　从图 7-26 可以看出,随着工作面的推进,底板每隔 20m 就会发生一次大的破裂,说明底板岩层的破坏具有周期性。底板岩层破坏的周期性与顶板周期来压基本上是一致的,工作面顶板随着工作面推进,每 7～9m 顶板就会发生垮落,底板岩层破坏的距离基本上等于两次周期来压的距离,这说明工作周期来压是造成底板发生周期性破坏的主要原因之一。同时,在承压水压力作用下,底板产生底臌变形,底板的岩层产生水平方向的裂隙,随着工作面推进裂隙不断发展和延伸,造成底板的抗弯强度降低,底板向上挠曲随着开采面向前推进不断增加,一旦由于挠曲变形产生的应力超过底板岩层的强度时,底板就发生变化,并且破坏过程随着工作面向前推进周期性的发生破坏。在此次模拟试验中,底板破坏周期步距为 15～25m,裂隙发生在工作面煤壁后方 10m 左右,并且按照大约 60°倾角向底板深部延伸。因此,底板周期破坏是矿山压力和承压水压力共同作用的结果。

7.3　基于 SVM 的底板破坏深度预测模型

7.3.1　底板破坏深度影响因素分析

　　已有研究表明,煤层底板的破坏深度与工作面的矿山压力和煤层底板的抗破坏能力有关,主要影响因素如下[199,200]。

1. 开采深度

　　开采深度越大,其上覆岩层的自重就越大,煤层底板内的原岩应力也就越大,底板的破坏程度就严重。已有的研究资料表明,底板的破坏深度与开采深度成正比关系,即

$$h_1 = 0.0085H + 0.1665\alpha + 0.1079L - 4.3579 \tag{7-4}$$

式中,h_1 为底板的破坏深度,m;α 为煤层倾角,(°);L 为工作面长度,m。

　　根据已有弹性力学知识,将底板破坏简化为平面应力问题进行分析,通过推导得出底板的最大破坏深度与开采深度的平方成正比关系,即

$$h_1 = \frac{1.57\gamma^2 H^2 L}{4R_c^2} \tag{7-5}$$

式中，γ 为底板的平均容重，MN/m^3；R_c 为底板的平均抗压强度，MPa，该值是岩石单轴抗压强度的 $1/8\sim1/4$。

岩层的平均抗压强度可以通过下式计算：

$$\bar{R}_c = \frac{\sum\limits_{i=1}^{n} h_i R_i}{\sum\limits_{i=1}^{n} h_i} \qquad (7\text{-}6)$$

式中，$\bar{R}_c$ 为岩层的平均抗压强度；h_i 为第 i 层岩层厚度；R_i 为第 i 层岩层的参数。

2. 煤层倾角

室内试验结果表明，煤层倾角的变化引起工作面围岩应力分布发生变化，底板内的应力集中程度和集中区域也相应发生变化，从而使底板的破坏深度也发生相应的变化。从式(7-5)可以看出，煤层底板破坏深度与煤层倾角成正比关系，随煤层倾角的增大，底板破坏深度相应增加。

3. 开采厚度

在开采深度和煤层倾角一定的情况下，随着开采厚度的增加，其矿山压力对底板的影响也就越大，底板的破坏程度和深度越大。

4. 工作面斜长

从式(7-4)和式(7-5)可以看出，底板破坏深度与工作面斜长成正比，工作面长度越大，底板破坏深度越大。有些学者通过大量的实测数据回归得出了以下计算公式：

$$h_1 = 0.7007 + 0.1079L \qquad (7\text{-}7)$$

$$h_1 = 0.303L^{0.8} \qquad (7\text{-}8)$$

$$h_1 = 3.2 + 0.085L \qquad (7\text{-}9)$$

由于随着工作面长度的增加，地质构造出现的可能性增加，因此底板的破坏深度也有可能增加。

5. 煤层底板抗破坏能力

煤层底板抗破坏能力是影响底板破坏深度的重要指标，它是反映底板岩层强度、岩层组合和岩体中原始裂隙发育状况的综合指标，用字母 D 表示，可按照下式进行计算：

$$D = R_c \cdot C_1 \cdot C_2 / 15 \qquad\qquad (7\text{-}10)$$

式中，R_c 为底板岩层的平均抗压强度，MPa；C_1 为底板岩层中的节理裂隙的影响系数；C_2 为分层厚度影响系数。

上述数据可根据底板岩石类型、岩层组合情况以及原始裂隙的发育情况综合确定。

6. 工作面断层情况

工作面内是否有断层存在对于底板破坏深度影响比较大。当底板中存在断层时，其底板最大破坏深度处于断层位置。研究表明，断层附近底板的最大破坏深度是没有断层的 1.5～2 倍。数值模拟结果也表明，底板破坏深度在有断层时比无断层时高 20% 以上。

7. 采煤方法与顶板管理方法

不同的采煤方法和顶板管理方法对底板破坏的影响程度也不相同。目前我国采用的主要是走向长壁采煤法和全部垮落法，因此在进行研究时不考虑采煤方法和顶板管理方法。当使用特殊采煤方法和顶板管理方法时，再进行相应的研究。

7.3.2　支持向量机原理

支持向量机是从线性可分情况下的最优分类面发展而来的[201]，其基本思想如图 7-27 所示[202,203]。图中的三角形和圆形分别代表两类样本，H 为分类超平面，H_1、H_2 分别为过各类样本中离 H 最近的且平行于 H 的平面，H_1、H_2 之间的距离称为分类间隔。所谓最优分类面，就是分类面不但能够将两类样本正确分开，而且使分类间隔最大。前者是保证经验风险最小（训练错误率为零），后者是为了使置信范围最小，这是对结构风险最小化准则的具体体现。距离最优分类超平面最近的向量称为支持向量。

对于线性可分的训练集 $T = \{(x_1, y_1), (x_2, y_2), \cdots, (x_i, y_i)\}$，$i = 1, 2, \cdots,$ n，其中 x_i 为输入样本，y_i 为输出样本，且 $y_i \in \{-1, 1\}$。设分类超平面方程为 $W \cdot X + b = 0$，W、b 为系数。要使分类超平面满足最大间隔原则，则要求其满足：

$$y_i(W \cdot x_i + b) - 1 \geqslant 0 \quad i = 1, 2, \cdots, n \qquad (7\text{-}11)$$

点 x_i 到超平面 H 的距离为

$$d(W, b, x_i) = \frac{|W \cdot x_i + b|}{\|W\|} \qquad\qquad (7\text{-}12)$$

则分类间隔为

$$\min_{x_i:y_i=1} \frac{|\boldsymbol{W} \cdot x_i + b|}{\|\boldsymbol{W}\|} - \max_{x_i:y_i=1} \frac{|\boldsymbol{W} \cdot x_i + b|}{\|\boldsymbol{W}\|} = \frac{2}{\|\boldsymbol{W}\|} \tag{7-13}$$

$\boldsymbol{W}$、b 的优化条件是使 $\dfrac{2}{\|\boldsymbol{W}\|}$ 最大,即使 $\|\boldsymbol{W}\|^2$ 最小,这样式(7-11)就转化为式(7-14)的问题,即

$$\phi(\boldsymbol{W}, b) = \frac{1}{2} \|\boldsymbol{W}\|^2 = \frac{1}{2}(\boldsymbol{W} \cdot \boldsymbol{W}) \tag{7-14}$$

对于非线性问题,可以通过线性变换将其转化为某个高位空间中的线性问题,然后在变化后的空间中求最优分类面。支持向量机算法示意图如图 7-28 所示。

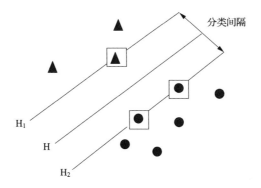

图 7-27　SVM 分类原理

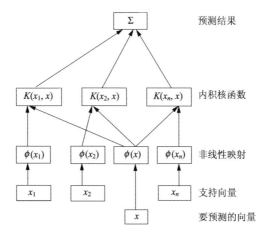

图 7-28　支持向量机算法示意图

7.3.3　支持向量回归机

支持向量机最早用于求解模式识别问题,近年来随着在回归算法研究方面取得的进步,支持向量机回归算法不仅成功地被应用于时间序列的预测研究,在诸如非线性建模与预测、优化控制等方面的研究也有很大的进步。本书主要是对底板的破坏深度进行预测,应用的是支持向量回归机,这里对支持向量回归机进行简要介绍[204,205]。

为研究回归问题,首先给出 ε 不敏感损失函数的定义。ε 不敏感损失函数定义为

$$L^{\varepsilon}(x,y,f) = \left| y - f(x) \right|_{\varepsilon} = \max(0, \left| y - f(x) \right| - \varepsilon) \tag{7-15}$$

式中,ε 为一个小的正数。该函数的含义是,当变量 x 对应的观察值 y 与预测值 $f(x)$ 之间的差值不超过 ε 时,则可以认为在该点的预测值 $f(x)$ 是无损失的。

1. 线性 ε-支持向量回归机

考虑到训练样本在精度 ε 下进行线性函数拟合时存在一定的误差,在此引入两个非负的松弛变量 ξ_i、ξ_i^* 以及惩罚参数 C,此时优化问题的目标函数转化为

$$\min \frac{1}{2} \parallel W \parallel^2 + C \sum_{i=1}^{n} (\xi_i + \xi_i^*) \tag{7-16}$$

约束条件为

$$\begin{cases} y_i - W \cdot \phi(x_i) - b \leqslant \varepsilon + \xi_i \\ W \cdot \phi(x_i) + b - y_i \leqslant \varepsilon + \xi_i^* \end{cases} \tag{7-17}$$

$$\xi_i, \xi_i^* \geqslant 0, i = 1, 2, \cdots, n$$

其中 ε 取值的大小直接影响支持向量的个数,惩罚参数 C 控制超出误差样本的惩罚程度。由于该算法需要事先确定 ε 的大小,因此该方法称为线性 ε-支持向量回归机,简称 ε-SVR。

通过推导,得出所求回归函数为

$$f(x) = \sum_{i=1}^{n} (a_i - a_i^*) \phi(x_i) \cdot \phi(x) + b \tag{7-18}$$

2. 非线性 ε-支持向量回归机

非线性回归就是找到一个非线性函数,该函数能够逼近输入和输出的关系。首先将输入通过非线性函数映射到高维的特征空间,再在该空间构造分类超平面,

进而把非线性问题转化为在高维特征空间的线性回归问题。

非线性函数估计器一般模型为

$$y = f(x, v, \beta) = \sum_{i=1}^{n} \beta_i K(x, v_i) + b \tag{7-19}$$

为将其转化为线性回归,对式(7-19)中的变量进行适量代换,并将内积式转换为核函数式:

$$\begin{cases} \beta_i \to a_i^* - a_i \\ v_i \to x_i \\ (W \cdot x) \to K(x, x_i) \end{cases} \tag{7-20}$$

经推导得出回归函数为

$$f(x) = \sum_{i=1}^{n} (a_i - a_i^*) K(x_i \cdot x) + b \tag{7-21}$$

3. 核函数

在进行支持向量回归时,核函数是否合适将直接影响运算的结果,因此在选择核函数时,要针对不同的核函数进行样本数据交叉验证训练,其归纳误差最小的核函数则是最佳的核函数。目前常用的核函数主要有以下三种[206]:

1) d 阶多项式核函数

d 阶多项式核函数表达式为

$$K(x, x') = (\gamma x \cdot x' + 1)^d \tag{7-22}$$

式中, $d = 1, 2, \cdots, n$,为多项式核函数的阶数。

该核函数应用比较广泛,具有较好的外推能力, d 值的大小决定了多项式核函数对目标函数的逼近能力。多项式核函数不适合应用于复杂的、拟合度要求高的、 d 值较大的回归问题。

2) 径向基(RBF)核函数

RBF 核函数的表达式为

$$K(x, x') = \exp(-\|x - x'\|^2 / g) \tag{7-23}$$

式中, g 为控制径向基半径的正数(核宽度系数)。

RBF 核函数适用性较广,通过选择不同的参数,可以用来解决任意分布的样本,并且收敛趋于较宽,尤其可用于非线性样本映射到高位特征空间。由于该核函数只有一个参数 g ,因此运算起来较为简单。

3) 多层感知器(Sigmoid)核函数

Sigmoid 核函数的表达式为

$$K(x,x') = \tanh[k(x \cdot x') + v] \tag{7-24}$$

式中，k、v 为常数。

该核函数是一个包含隐含层的多层感知器，隐含层节点的个数由算法自动确定。由于 Sigmoid 核函数不能满足 PSD 条件，有一些文献并不将它们作为核函数。

4. 模型参数

模型参数是影响 SVM 性能的重要因素，在进行回归分析时，模型参数的优劣对 SVM 的性能起着关键作用。在进行模型参数选择时，最常用的方法是 k-折交叉验证法，即在一定的区间内，通过交叉试验选出最优的参数[207,208]。

从上述回归约束函数可以看出，影响 SVM 主要性能的参数有不敏感系数 ε、惩罚系数 C 和核宽度系数 g。

1) 参数 ε 的影响

在进行线性 ε-支持向量回归机训练时，要求训练样本尽量满足不等式 $|y-f(x)| \leqslant \varepsilon$。由于 ε 控制着回归函数对样本数据不敏感区域的宽度，因此 ε 的大小直接影响着支持向量的数目。ε 值太小，拟合精度要求太高，支持向量数目过多，导致过拟合；ε 值太大，拟合精度降低，支持向量数目减少，可能导致欠拟合。同时，ε 值控制着模型的泛化和推广能力，ε 值过小，模型过于复杂，求解时间增加，不利于推广；ε 值过大，模型过于简单，精度降低，推广能力也降低。

2) 参数 C 的影响

C 值作用是在确定的训练样本中调节学习机器的置信区间和经验风险的比例以使学习机器达到最好的推广能力。在已经确定的数据子空间里面，C 值的大小表示对经验误差的惩罚程度，学习机器的复杂程度越小则经验风险值越大，此时称为"欠学习"现象，反之，称为"过学习"现象。每个数据子空间都至少存在一个合适的 C 值使 SVM 的推广能力最优。当 C 值大小达到一定时，SVM 复杂程度达到极限，此时经验风险和推广能力不再发生变化。同时，C 值的大小影响拟合误差的大小，随着 C 值的增大拟合误差单调下降，但下降速率将越来越小，当 C 值增加到一定值后，拟合误差将不再变化。

3) 参数 g 的影响

g 值的大小反映了训练样本的分布情况，它的改变将改变线形分类面的最大 VC 维，此时线性分类达到最小误差。g 值反映了支持向量之间的相关程度，该值取得太小,支持向量之间的联系比较松弛,学习机器相对复杂,推广能力得不到保证;该值取得太大,支持向量之间联系过强,回归模型的精度得不到保证。

综上所述,不敏感系数 ε、惩罚系数 C 和核宽度系数 g 取值是否合理将直接决定 SVR 是否具有良好的推广能力,因此,在进行 SVR 设计时要选择合适的模型参数,保证建立的模型具有较好的推广性能。

7.3.4　预测模型设计

底板破坏深度预测模型的构建思想是以已有的底板破坏深度数据为基础,按照算法需要对数据进行预处理,将其变为输入样本数据,然后通过机器训练选择模型合适的核函数和模型参数,构造预测模型,进而预测某一条件下的底板破坏深度。根据支持向量回归机模型及底板破坏深度的特点,本书采用支持向量回归机模型对底板深度进行预测。

建立预测模型的步骤:

(1) 采集和处理样本;

(2) 选取合适的核函数;

(3) 对核函数参数和模型参数进行选择计算;

(4) 检验预测模型,将待预测的数据输入模型,得出预测结果。

1. 样本采集与预处理

(1) 样本的特征选取。对于样本集输入量中的每一个参数称为一个特征。对于底板破坏深度的预测,考虑影响因素主要有开采深度、煤层倾角、开采厚度、工作面斜长、煤层底板抗破坏能力和工作面断层情况,将其看作样本的变量。

(2) 去除样本异样。对于原始的样本中可能存在噪声,因此首先要对样本进行处理,对于明显不符合样本本身规律的可疑样本要抛弃或者修正,减少由于异样样本对预测的影响。

(3) 样本修正。在样本的采取过程中,由于主观或者客观的原因造成数据存在异常或者缺失,将其舍弃又会影响预测结果,在这种情况下要对数据进行修正,一般的修正方法是按照趋势关系来修正。

(4) 缩小样本集。在建立预测模型时,一般认为样本越多,选取的样本数据就会越多,致密性就越高,建立的预测模型预测准确性就越高。但是选取大量的样本往往会造成数据分析时间过长,影响预测速度。当然,选取较少的样本则会影响预测的准确性,因此要选择合适的样本数量。当样本数量过多时,可以采用主元分析法进行处理。

(5) 数据的归一化处理。归一化处理的主要目的是避免输入的向量各变量之

间的数量级差别过大影响训练效果,因此一般将样本缩放到[0,1]或者[−1,1]之间。进行[0,1]处理采用下式:

$$x_i' = \frac{X_i - X_{\min}}{X_{\max} - X_{\min}} \tag{7-25}$$

式中,x_i' 为归一化后的数据;X_i 为样本数据;$X_{\max}$、$X_{\min}$ 分别为样本数据中的最大值和最小值。

进行[−1,1]处理则采取式(6-12)。

2. 核函数选择

核函数的选择,直接关系到建立模型的性能。每一个核函数都有自己的适用范围,因此对于不同的数据分布类型,不同的核函数其表现也不相同。本书在选取核函数时,用常用的多项式核函数、RBF 核函数和 Sigmoid 核函数分别进行预测,选取其中最优的核函数作为预测模型的核函数。

3. 模型参数确定

已有的研究表明,模型参数的选择采用交叉试验法进行,先根据实验经验对 C 和 g 进行取值,当 C 和 g 值取定之后,再对 ε 进行取值,取模型表现最好时的 ε 值,这样 ε 值就得以确定;然后固定 ε 和 g 值,再对 C 进行取值,同样模型表现最好时的 C 是最优值;最后固定 C 和 ε,选取合适的 g 值。

4. 模型评价方法

评价模型的优劣主要取决于预测误差的大小。绝对误差计算公式为

$$\mathrm{AE} = y_i - y_i^* \tag{7-26}$$

相对误差计算公式为

$$\mathrm{RE} = \left| \frac{y_i - y_i^*}{y_i} \right| \times 100\% \tag{7-27}$$

平均绝对误差计算公式为

$$\mathrm{MAE} = \frac{1}{n} \sum_{i=1}^{n} | y_i - y_i^* | \tag{7-28}$$

平均相对误差计算公式为

$$\mathrm{MRE} = \frac{1}{n} \sum_{i=1}^{n} \left| \frac{y_i - y_i^*}{y_i} \right| \times 100\% \tag{7-29}$$

均方误差计算公式为

$$\mathrm{MSE} = \frac{1}{n} \sum_{i=1}^{n} (y_i - y_i^*)^2 \qquad (7\text{-}30)$$

均方根误差计算公式为

$$\mathrm{RMSE} = \sqrt{\frac{1}{n} \sum_{i=1}^{n} (y_i - y_i^*)^2} \qquad (7\text{-}31)$$

预测准确度计算公式为

$$A_L = \left[1 - \sqrt{\frac{1}{n} \sum_{i=1}^{n} \left(\frac{y_i - y_i^*}{y_i} \right)^2} \right] \times 100\% \qquad (7\text{-}32)$$

式中，y_i 为实测值；y_i^* 为预测值。

在实际应用中，均方误差应用较多。

5. 算法选择

比较常用的 SVM 算法有网格搜索算法（Gridsearch）、遗传算法（GA）和粒子群算法（PSO），每种算法对于不同的问题其性能表现也不一样，本书将利用三种算法分别进行运算和预测，择其最优的作为预测模型的算法。

7.3.5　预测模型仿真实例

1. 样本采集与处理

本书建立底板破坏深度模型预测选取的样本见表 7-2，其中选取 1～30 用来建模，即训练样本 31～33 作为预测样本用来预测。将影响底板破坏深度的主要因素作为模型的输入变量，将采深、煤层倾角、采厚、工作面斜长、底板抗破坏能力和工作面是否有断层作为 x_1、x_2、x_3、x_4、x_5、x_6，底板破坏深度为输出变量 y。

表 7-2　训练样本

序号	采深/m	煤层倾角/(°)	采厚/m	工作面斜长/m	底板抗破坏能力	是否有断层	破坏深度/m
1	123	15	1.10	70	0.2	0	7.00
2	123	15	1.10	100	0.2	0	13.40
3	145	16	1.50	120	0.4	0	14.00
4	130	15	1.40	135	0.4	0	12.00
5	110	12	1.40	100	0.4	0	10.70
6	148	18	1.80	95	0.8	0	9.00

序号	采深/m	煤层倾角/(°)	采厚/m	工作面斜长/m	底板抗破坏能力	是否有断层	破坏深度/m
7	225	14	1.90	130	0.8	0	9.75
8	308	10	1.00	160	0.6	0	10.50
9	287	10	1.00	130	0.6	0	9.50
10	300	8	1.80	100	0.4	0	10.00
11	230	10	2.30	120	0.6	0	13.00
12	230	26	3.50	180	0.4	0	20.00
13	310	26	1.80	128	0.2	0	16.80
14	310	26	1.80	128	0.2	1	29.60
15	259	4	3.00	160	0.6	0	16.40
16	320	4	5.40	60	0.6	0	9.70
17	520	30	0.94	120	0.6	0	13.00
18	400	9	7.50	34	0.4	0	8.00
19	400	9	4.00	34	0.4	0	6.00
20	227	12	3.50	30	0.4	0	3.50
21	227	12	3.50	30	0.4	1	7.00
22	900	26	2.00	200	0.6	0	27.00
23	1000	30	2.00	200	0.6	0	38.00
24	200	10	1.60	100	0.2	0	8.50
25	375	14	2.40	70	0.6	0	9.70
26	375	14	2.40	100	0.6	0	12.90
27	118	18	2.50	80	0.2	0	10.00
28	145	15.5	1.50	120	0.4	1	18.00
29	320	4	5.40	100	0.6	0	11.70
30	400	9	4.00	45	0.4	0	6.50
31	327	12	2.40	120	0.6	0	11.70
32	380	8	6.00	190	0.6	0	26.70
33	570	2	3.50	180	0.6	0	23.20

　　采用式(6-10)对原始数据进行归一化处理,将底板抗破坏能力分为 0、0.2、0.4、0.6、0.8 和 1,工作面是否有断层分别是 0 和 1。

　　2. 核函数及参数选择

　　对于核函数和模型的参数,选取工具软件 LIBSVM 自己选取。LIBSVM 是由台湾大学 Chang 和 Lin 开发的一个操作简单、易于使用的通用 SVM 软件包[209]，该软件包提供了目前支持向量机可以解决的各类问题，并且有线性、多项式、径向基和 Sigmoid 四种核函数可供选择，可以简单、方便、有效地解决多类问题，并且可以在 MATLAB、C++/VC 等软件中嵌套使用，目前最高版本是 LIBSVM-2.90。本书采用的是在台湾学者研究的基础上进一步开发的 LIVSVM-MAT-2.89 软件包，该软件包可以对模型参数自行搜索，减少了人为选取模型参数的误差，并节省了时间。

对于核函数，分别选用多项式核函数、RBF 核函数和 Sigmoid 核函数进行预测，选取最优的作为预测模型的核函数。

3. 预测结果分析

根据上述选择的核函数和算法构造预测模型，分别对结果进行分析，通过实测值与预测值的对比，检验模型的可用性，通过对比每种预测模型的精度选择最终的预测模型。

1）RBF 核函数

分别用网格搜索算法（Gridsearch）、遗传算法（GA）和粒子群算法（PSO）进行预测，图 7-29 为网络搜索算法预测结果，图 7-30 为遗传算法预测结果，图 7-31 为粒子群算法预测结果，表 7-3 为预测样本结果对比，表 7-4 为三种算法的精度对比。

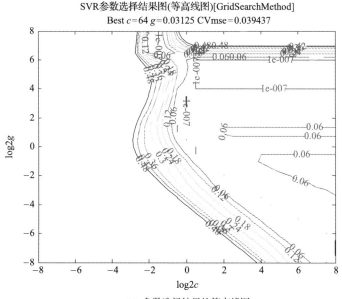

(a) 参数选择结果的等高线图

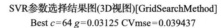

SVR参数选择结果图(3D视图)[GridSearchMethod]
Best c=64 g=0.03125 CVmse=0.039437

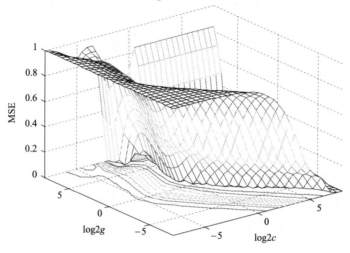

(b) 参数选择结果的3D视图

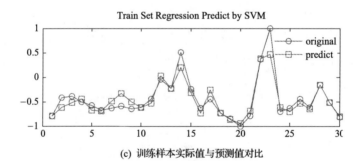

(c) 训练样本实际值与预测值对比

(d) 预测样本实际值与预测值对比

图 7-29　RBF 核函数网格搜索算法预测结果

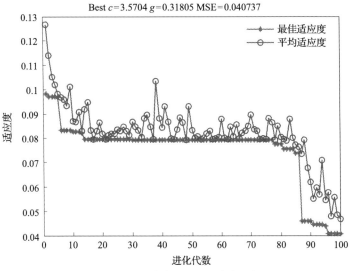

(a) 参数选择结果的适应度曲线

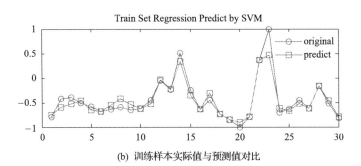

(b) 训练样本实际值与预测值对比

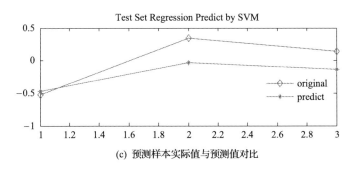

(c) 预测样本实际值与预测值对比

图 7-30　RBF 核函数遗传算法预测结果

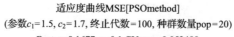

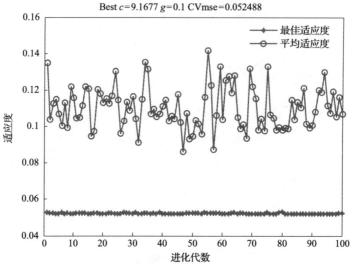

(a) 参数选择结果的适应度曲线

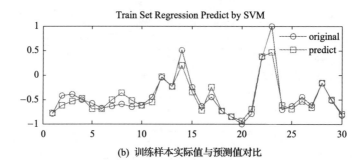

(b) 训练样本实际值与预测值对比

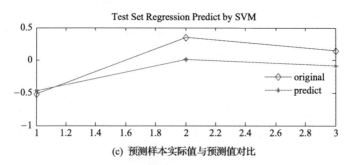

(c) 预测样本实际值与预测值对比

图 7-31　RBF 核函数粒子群算法预测结果

表 7-3　RBF 核函数三种算法预测结果对比表

序号	实际值	网格搜索法		遗传算法		粒子群算法	
		预测值	相对误差/%	预测值	相对误差/%	预测值	相对误差/%
1	11.70	12.7284	8.79	12.6630	8.23	12.5695	7.43
2	26.70	23.7838	10.92	22.2792	16.56	21.8760	18.06
3	23.20	21.5032	7.31	20.3382	12.33	20.3179	12.42

表 7-4　RBF 核函数三种算法精度对比

评价指标	网格搜索算法	遗传算法	粒子群算法
MAE	2.3532	2.9798	2.5733
MRE	10.50	12.95	11.19
RMSE	2.6284	3.4186	2.9727
A_L	90.05	85.98	88.56

从表 7-3 可以看出,三种算法中,网格搜索法预测模型的相对误差最小,从表 7-4 对比可以看出,平均绝对误差、平均相对误差、均方根误差和预测的准确度均是网格搜索法优于另外两种算法。

2）多项式核函数

图 7-32 为网格搜索算法预测结果,图 7-33 为遗传算法预测结果,图 7-34 为粒子群算法预测结果,表 7-5 为预测样本结果对比,表 7-6 为三种算法的精度对比。

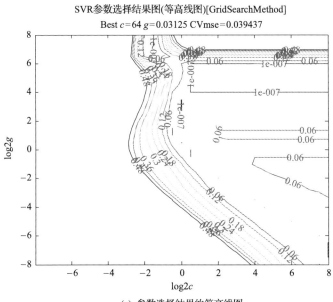

(a) 参数选择结果的等高线图

SVR参数选择结果图(3D视图)[GridSearchMethod]
Best $c=64$ $g=0.03125$ CVmse$=0.039437$

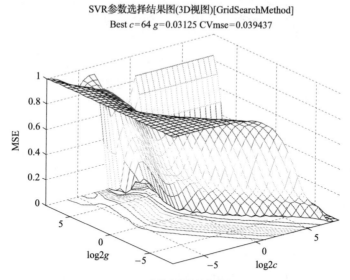

(b) 参数选择结果的3D视图

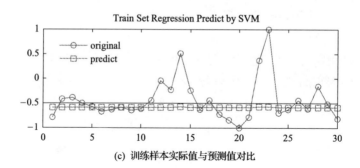

(c) 训练样本实际值与预测值对比

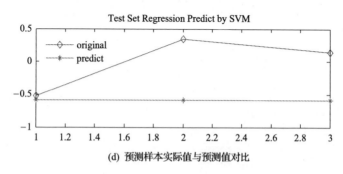

(d) 预测样本实际值与预测值对比

图 7-32　多项式核函数网格搜索算法预测结果

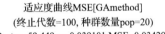

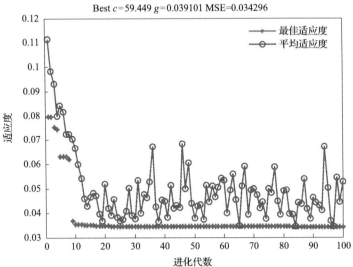

(a) 参数选择结果的适应度曲线

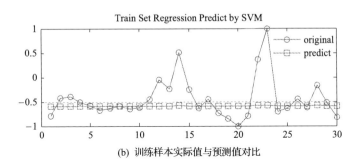

(b) 训练样本实际值与预测值对比

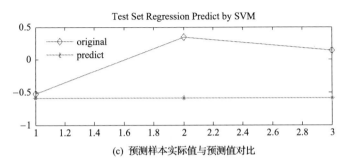

(c) 预测样本实际值与预测值对比

图 7-33　多项式核函数遗传搜索算法预测结果

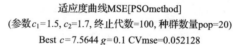

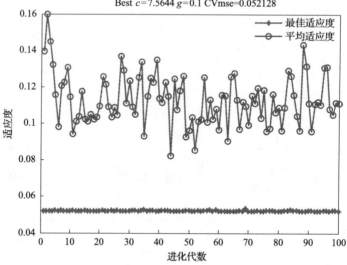

(a) 参数选择结果的适应度曲线

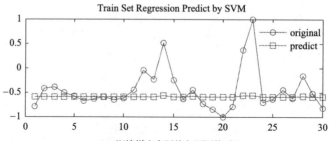

(b) 训练样本实际值与预测值对比

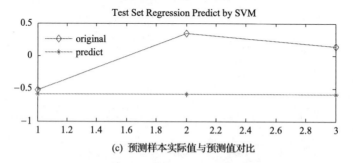

(c) 预测样本实际值与预测值对比

图 7-34　多项式核函数粒子群算法预测结果

表 7-5　多项式核函数三种算法预测结果对比表

序号	实际值	网格搜索法		遗传算法		粒子群算法	
		预测值	相对误差/%	预测值	相对误差/%	预测值	相对误差/%
1	11.70	10.5992	9.41	10.5988	9.41	10.5969	9.43
2	26.70	10.6017	60.29	10.6032	60.29	10.6067	60.27
3	23.20	10.6024	54.30	10.6033	54.30	10.6092	54.27

表 7-6　多项式核函数三种算法精度对比

评价指标	网格搜索算法	遗传算法	粒子群算法
MAE	9.9322	9.9316	9.9291
MRE	0.4133	0.4133	0.4132
RMSE	11.8190	11.8180	11.8144
A_L	0.5284	0.5284	0.5286

从图 7-32~图 7-34 和表 7-5 可以看出,多项式核函数三种算法的预测模型其误差较大,其结果无法用于实际预测;表 7-6 进一步说明了多项式核函数的预测效果较差,因此多项式核函数不能适用于底板破坏深度的预测,也说明底板破坏深度与其各影响因素不呈线性关系。

3) Sigmoid 核函数

图 7-35 为网格搜索算法预测结果,图 7-36 为遗传算法预测结果,图 7-37 为粒子群算法预测结果,表 7-7 为预测样本结果对比,表 7-8 为三种算法的精度对比。

SVR参数选择结果图(等高线图)[GridSearchMethod]
Best c=64 g=0.03125 CVmse=0.039437

(a) 参数选择结果的等高线图

SVR参数选择结果图(3D视图)[GridSearchMethod]
Best c=64 g=0.03125 CVmse=0.039437

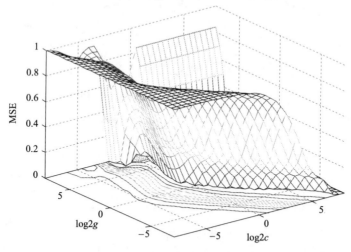

(b) 参数选择结果的3D视图

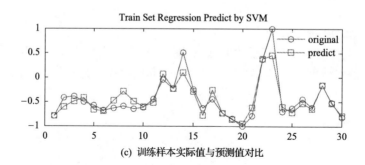

(c) 训练样本实际值与预测值对比

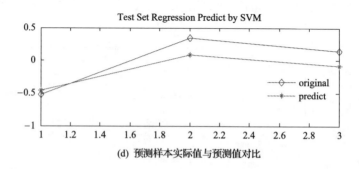

(d) 预测样本实际值与预测值对比

图 7-35　Sigmoid 核函数网格搜索算法预测结果

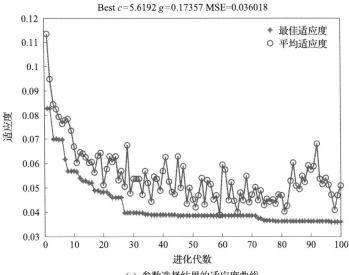

(a) 参数选择结果的适应度曲线

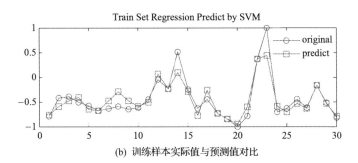

(b) 训练样本实际值与预测值对比

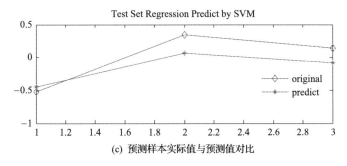

(c) 预测样本实际值与预测值对比

图 7-36　Sigmoid 核函数遗传算法预测结果

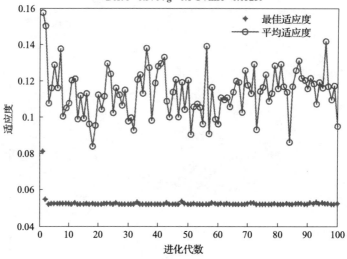

(a) 参数选择结果的适应度曲线

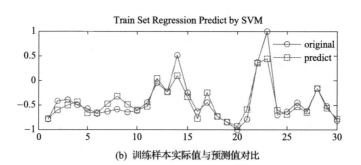

(b) 训练样本实际值与预测值对比

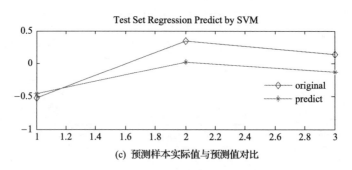

(c) 预测样本实际值与预测值对比

图 7-37　Sigmoid 核函数粒子群算法预测结果

表 7-7　Sigmoid 核函数三种算法预测结果对比表

序号	实际值	网格搜索法		遗传算法		粒子群算法	
		预测值	相对误差/%	预测值	相对误差/%	预测值	相对误差/%
1	11.70	12.8602	9.92	12.9965	11.08	12.7419	8.90
2	26.70	24.2627	9.13	23.9278	10.38	22.0879	17.27
3	23.20	21.8229	5.94	21.3479	7.98	19.5461	15.74

表 7-8　Sigmoid 核函数三种算法精度对比

评价指标	网格搜索算法	遗传算法	粒子群算法
MAE	2.3055	2.4140	2.7515
MRE	10.52	11.09	12.16
RMSE	2.5315	2.6419	3.1040
A_L	90.24	89.53	87.45

从表 7-7 可以看出,三种算法中,网格搜索法预测模型的相对误差最小,从表 7-8 对比可以看出,平均绝对误差、平均相对误差、均方根误差和预测的准确度均是网格搜索法优于另外两种算法。

综上所述,表 7-4 和表 7-8 的对比表明:采用 Sigmoid 核函数、运用网格搜索算法的支持向量回归模型具有较好的拟合度和准确度,可以应用于底板破坏深度预测。同时,预测样本第 33 个预测样本为赵固一矿 11011 工作面底板破坏情况,预测结果与电法测量结果基本吻合,说明直流电法可以应用于底板破坏深度探测,并且说明直流电法空间定位方法是正确可行的。

第8章 顶底板防治水技术措施

焦作矿区由于地下水补给趋于宽广、断裂构造发育、水力联系密切和煤层底板承受水压高,造成矿区水文地质条件极为复杂,水害威胁严重,是我国有名的大水矿区。目前,受奥灰水威胁的煤炭储量达 24.5 亿 t,采掘过程中突水频繁,历史上曾发生过 17 次淹井事故,造成直接经济损失 3 亿元之多。作为焦作矿区的后备矿井,赵固一矿也存在着水害威胁,本章在前文研究的基础上对顶底板突水发生的可能性进行判断,并制定成套的防治水技术措施。

8.1 顶板防水(防溃砂)技术措施

通过对赵固一矿进行水文地质评价以及开采后覆岩的破坏进行分析,在目前开采条件下,顶板一般不会发生突水溃砂,但在增加采煤厚度或者顶板条件发生变化时,顶板有发生突水或者溃砂的可能,因此要对顶板的突水溃砂进行预防。

8.1.1 露头区保护安全煤岩柱的设计

1. 防塌安全煤柱厚度计算

综放和分层开采条件下防塌安全煤柱的计算结果见表 8-1。二₁ 煤基岩厚度小于导水裂隙带高度的区域,顶板砂岩含水层将进入工作面;导水裂隙波及底部黏土层,由于黏土层的阻隔作用,夹砂砾的水难以进入矿井。

表 8-1 二₁ 煤层防塌煤岩柱计算结果

开采方法	采高/m	垮落带高度/m	防塌煤柱垂高/m	预计导水裂隙带高度/m
煤层全厚开采	6.59	25.37	25.37	88.96
分层开采	3.5	13.48	13.48	43.64
	6.59	15.38	15.38	52.19

2. 防砂安全煤岩柱厚度计算

当工作面上方第四系、新近系地层底部黏土层厚度不能确保大于 2 倍煤厚时,留设的防砂安全煤岩柱,即

$$H_t \geqslant H_m + H_b \tag{8-1}$$

式中，H_t 为防塌安全煤岩柱的垂高，m；H_m 为垮落带最大高度，m；H_b 为保护层厚度，取 $3M$（M 采高）。

计算综放和分层开采条件下防塌安全煤柱见表 8-2。

表 8-2　二₁煤层防砂煤岩柱计算结果

开采方法	采高/m	垮落带高度/m	保护带厚度/m	防砂煤柱垂高/m
煤层全厚开采	6.59	25.37	19.77	45.34
分层开采	3.5	13.48	10.5	23.98
	6.59	15.38	10.5	25.88

3. 开采上限计算

开采上限（煤层底板标高）＝松散层厚度＋防塌煤柱厚度＋煤层厚度－地面标高

根据赵固一矿东一盘区地面井检 1 号、11902、12205 钻孔的地层参数，确定东一盘区不同开采条件下防塌安全煤岩柱的开采上限标高见表 8-3，防砂安全煤岩柱开采上限见表 8-4。由于松散层厚度变化大，因此开采上限变化也较大。

当底黏大于 2 倍采高，煤岩柱厚度大于 25.37m 时，可采用一次采全高的采煤方法；当煤岩柱厚度为 15.38～25.37m 时，可采用综采分层开采的采煤方法。

表 8-3　防塌安全煤岩柱开采上限　　　　　　　（单位：m）

钻孔号	地表标高	松散层厚度	煤层厚度	一次全高开采		综采分层	
				防塌煤柱高度	开采上限标高	防塌煤柱高度	开采上限标高
井检 1 号	81.57	505.13	6.59	25.37	－455.52	15.38	－445.53
11902	80.94	484.11	6.10	25.37	－434.64	15.38	－424.65
12205	80.14	493.90	6.00	25.37	－445.13	15.38	－435.14

表 8-4　防砂安全煤岩柱开采上限　　　　　　　（单位：m）

钻孔号	地表标高	松散层厚度	煤层厚度	一次全高开采		综采分层	
				防砂煤柱高度	开采上限标高	防砂煤柱高度	开采上限标高
井检 1 号	81.57	505.13	6.59	45.34	－435.75	25.88	－435.03
11902	80.94	484.11	6.10	45.34	－414.87	25.88	－414.15
12205	80.14	493.90	6.00	45.34	－425.36	25.88	－424.64

8.1.2　开采技术措施

开采技术措施是实现水体下安全采煤的必备条件,采煤队及各有关单位在开采过程中要认真贯彻执行。具体措施如下:

(1) 采前要在工作面上、下顺槽对煤厚进行实测。回采过程中要定期测量实际采放高度,并将测量结果及时报送矿总工程师备查。

(2) 加强采煤生产管理,各块段要严格按照设计采放高度开采,严禁超限放煤,特别是出现采煤工作面停滞不前现象时更应严格禁止集中超限放煤。

(3) 在试采期间,尤其是基本顶初次来压期间,加强采煤工作面顶板管理,及时移架放顶,并做好工作面端头支护,防止冒顶事故发生,一旦冒顶,严禁采运冒落的煤与矸石,并及时向煤矿总工程师汇报,及时进行可靠的处理。

(4) 尽可能保证采煤工作面连续快速和匀速推进,要尽量使全工作面均匀放煤。

(5) 回采过程中要定期测量实际采厚,并将测量结果及时报送煤矿总工程师备查。

(6) 为使工作面排水畅通,减轻煤水混流现象,建议工作面下端头尽量超前推进,超前距离一般不应少于5~10m。

(7) 放顶煤试采过程中,如工作面涌水量过大超过矿井、采区排水能力或超过采煤工作面疏水能力,或者造成工作面无法正常生产时,可临时采取控制放煤措施,减少放煤量,直至达到可使工作面涌水量减小到能维持正常生产的程度,从而达到实现控水安全采煤的目的。

(8) 留设防砂安全煤岩柱开采时,应根据实际需要采取背网等防止溃砂措施。

8.1.3　防水或防砂安全技术措施

防水或防砂安全技术措施是确保矿井和工作面安全生产的重要环节,不容忽视,在试采时各有关单位必须认真贯彻执行,主要措施如下:

(1) 对于底部黏土层厚度较薄的区域通过井下仰上孔或地面钻孔进行探测,确保底部黏土、砂质黏土之和大于2倍的采高。

(2) 建立健全畅通的矿井及采区疏排水系统,矿井中央泵房、采区泵房等所有水泵在试采期间必须保证可随时开机排水。要加强排水设备的维修与管理,定期清理水沟、水仓等,确保采区和矿井的疏排水系统正常。在开采前由煤矿组织对排水设备及水沟、水仓等做一次全面检查。

(3) 工作面的疏排水系统至关重要,必须保证其畅通无阻,工作面下顺槽与疏水顺槽之间的疏水通道要确保畅通,工作面与水仓、水泵之间要布置必要的挡砂设施,排水管和泵要安装到位,保证工作面达到最大涌水量以上的疏排水能力。

（4）在工作面配备良好的信号装置和通信电话，并与地面调度室直接联系。

（5）留设防塌安全煤岩柱回采时，采煤工作面不仅要防水，还要做好防砂准备。要配备一定数量的清砂、清泥工具。

（6）当工作面有出水、溃砂征兆时，现场专职观测人员要密切监测水情变化，并及时向矿总工程师和各有关部门汇报，以便采取相应措施。

（7）由生产单位编制切实可行的防水或防砂避灾路线，绘制避灾路线图，并写入作业规程内。要定期向现场施工人员宣传防水、防砂及避灾知识。

（8）当工作面出现突水、溃泥和溃砂并有可能危及人身安全时，全部作业人员应立即撤至安全地点，并向煤矿总工程师汇报，进行妥善处理。

（9）在下顺槽内备草袋，以备万一发生涌水、涌砂时专用。

（10）本着有疑必探的原则，仔细分析研究现有资料，正确掌握煤系地层基岩面标高和安全煤岩柱的实际尺寸。要确保实际的安全煤岩柱垂高不小于设计尺寸。

（11）掘进时要密切注意可能出现的断层，对可能导水的有关断层进行超前探测。根据断层的具体情况留设断层煤柱。

（12）系统地开展井上、下水文地质观测，对地下水的动态变化规律、矿井涌水量及水位、水质、水温等进行联合监测，现有地面水文长期观测孔的分布不能满足实际需要时，应适当增补。在工作面回采期间，要加强对底部含水层的水位观测，发现异常后应及时向煤矿总工程师和有关部门汇报观测情况。

8.2　底板突水威胁性评价

根据"下三带"理论，评价底板是否发生突水，首先要对开采之后底板"三带"的情况进行分析，前面已经对底板的破坏规律和破坏深度进行了分析和计算，判断底板破坏能否构成突水还需要对底板隔水层性质和原始导升带高度进行分析评价。

8.2.1　底板隔水层性质评价

已有研究表明[210]，当底板隔水岩层的隔水质量很差，突水事故极易发生，尤其是以下几种情况，底板隔水层的隔水质量较差，底板发生突水的可能性较大。

（1）在底板中存在与底板隔水岩层相切的导水断层。

（2）尽管底板中存在断层切割隔水岩层，但自然状态下断层并不导水，在水压影响时，水压沿着断层破坏向上渗透而与采动破坏相沟通。

（3）底板中存在断层切割隔水层，且断层带不存在水压影响。但当底板隔水层厚度偏小时，底板破坏带与承压水原始导升带连通。

（4）不存在任何构造，但底板隔水层厚度很小，底板含水层水压很大时，采动破坏深度与承压水原始导升连通。因此,在进行底板突水灾害的防治时要重点预防以上几种情况的发生。

根据赵固一矿地质构造和岩体节理裂隙调查结果:二$_1$煤层底板距 L$_9$ 灰岩 12.13～14.66m,距 L$_8$ 灰岩 23.9～26.67m。L$_8$ 灰岩平均厚度为 8.63m。二$_1$煤层底板到 L$_9$ 灰岩之间的岩性为砂质泥岩、泥岩;L$_9$ 灰岩到 L$_8$ 灰岩之间为泥岩。底板主要含水层为灰岩,其中 L$_8$ 灰岩岩溶较发育,水压高达 5.8MPa,采区南部断层影响范围大,在水压、矿压、裂隙、断层的综合影响下,水文地质条件较为复杂。

通过以上分析,利用"下三带"理论分析判断底板是否会发生突水以及发生突水的可能性大小还需要对底板含水层导升高度进行分析。

8.2.2　含水层导升高度评价

含水层导升高度是指在自然条件下,承压水在承压水压力和水的溶蚀作用下沿底板中的裂隙上升的高度。在采动条件下,由于矿山压力的影响,导升高度进一步增加。通常将在自然状态下的导升高度称为原始导升高度,在采动影响下的导升高度称为承压水再导升高度,两者之和为承压水导升带。

1. 影响含水层导升高度的因素

(1) 承压水压力:承压水压力越大,对岩石的破坏作用就越大,导升渗透高度就越高。

(2) 水理性质和岩石成分:导升高度的发育是水-岩作用的过程和结果,水、pH 的大小和岩石成分直接决定着水-岩作用的激烈程度。pH 越大,对岩石的溶蚀作用就越大;相同的 pH 对不同岩石的组成成分影响也不相同。

(3) 底板中裂隙发育程度:裂隙是原始导升的通道,其发育程度的高低直接决定导升的高度,裂隙发育程度越高,对导高的发育越有利。

(4) 水流状态:水流的状态不同,对原始导升高度影响也不相同,如流速较快的水可以加速水-理作用,利于原始导升的发育。

(5) 采动作用影响:采动作用也就是由于开采造成底板发生破坏,使底板中的原有裂隙更加发育,并产生新的裂隙,利于导升高度进一步发育[211]。

2. 含水层导升高度的确定

目前对于含水层导升高度的确定主要采用物探法或者钻孔统计,其中钻孔统计是比较常用的方法,在较多钻孔资料的基础上,可以获得含水层导升带。在缺少钻孔资料的情况下,可以采用物探的手段进行探测,如地质雷达和瞬变电法。

经分析发现,采动引起的承压水再导升高度与有关因素存在下列关系[212]:

$$h = \frac{\sqrt{\gamma^2 + 2A(P - \gamma h_1)S_t} - \gamma}{AS_t} \tag{8-2}$$

$$A = \frac{12L_x}{\left[L_y^2\left(\sqrt{L_y^2 + 3L_x^2} - L_y\right)^2\right]}$$

式中，h 为底板承压水导升高度，m；h_1 为底板岩层总厚度，m；γ 为底板岩层平均容重，MN/m^3；P 为底板承压水压力，MPa；S_t 为底板岩体抗拉强度，MPa；L_x 为工作面斜长，m；L_y 为沿推进方向工作面至采空区未压实长度，m。

结合赵固一矿主要含水层 L_8 灰岩含水层性质和底板的岩性组合，在正常情况下原始导升高度发育较小，但在存在裂隙的情况下，由于水压较大，含水层导升高度会增加。利用式(8-2)，可以得出在回采阶段含水层的导升高度，当承压水压力为 6MPa 时，导水高度为 18.6m。

8.2.3　底板突水性评价

1. L_8 灰岩突水可能性评价

1) 突水系数法

突水系数是指单位厚度所能承受的水压值，又称水压比，表达式为

$$T = \frac{P}{M} \tag{8-3}$$

式中，P 为作用于底板的水压，MPa；M 为底板厚度，m。

用突水系数评价底板稳定性的关键在于确定临界突水系数 T_s，可定义为每米隔水层厚度所能承受的最大水压。若 $T < T_s$ 说明底板稳定，突水可能性小；反之，$T > T_s$ 则说明底板不稳定，发生底板突水的可能性大。临界突水系数是对矿区大量突水资料统计分析得出的，一些突水资料丰富的矿区总结出的 T_s 值见表 8-5。

表 8-5　我国一些矿区的临界突水系数

矿区	峰峰、邯郸	淄博	焦作	井陉
临界突水系数/(MPa/m)	0.066～0.076	0.060～0.140	0.060～0.100	0.060～0.150

考虑到矿压对底板的破坏，隔水层的有效厚度会减小，使用修正突水系数模型：

$$T = \frac{P}{\sum\limits_{i=1}^{n} M_i m_i - C_p} \tag{8-4}$$

式中，C_p 为矿压破坏深度，m；m_i 为各分层等效厚度换算系数；M_i 为各分层厚度，

m；n 为分层数。

可以看出隔水层的厚度与矿压破坏深度密切相关，隔水层厚度的不同及矿压破坏深度的不同对突水与否有着很大的影响。底板的破坏深度已经过现场实测得出，为 23.48m，隔水层的厚度由地质钻孔资料得出，为 23.9～26.6m，其中 11011 工作面为 26.6m。在计算突水系数时采用隔水层厚度值 36m，最大承压水压力为 5.8MPa，计算突水系数为 0.46，远大于焦作矿区的临界突水系数 0.060～0.100，因此在开采影响下底板突水危险性很大。

2)"下三带"法

设煤层隔水底板总厚度为 h，底板导水破坏带、有效隔水层保护带与承压水原始导高带的厚度依次为 h_1、h_2 和 h_3，则

$$h_2 = h - (h_1 + h_3) \tag{8-5}$$

当 $h > h_1 + h_3$ 时，则保护层存在，当 $h \leqslant h_1 + h_3$ 时，则保护层不存在。显然，当 $h \leqslant h_1 + h_3$ 时，承压水会直接涌入矿井，导致底板突水；当 $h > h_1 + h_3$ 时，是否会发生突水则取决于有效隔水层保护带的厚度及其阻抗水能力；若有效保护层阻水水压 $Z_总$ 大于实际水压，则安全，反之则不安全。

赵固一矿隔水底板总厚度为 36m，底板破坏深度为 23.46m，承压水导原始高带的厚度为 18.6m，则 $h < h_1 + h_3$，不存在保护层，在开采影响下会发生底板突水，必须对底板进行防治水技术措施。

2. L_2、L_3 和奥灰突水可能性评价

如果对 L_8 灰岩采取注浆改造的方法，将含水层改为隔水层，则矿井的主要突水层为太原组 L_2、L_3 灰岩和奥灰。采用上述评价方法，计算突水系数（表 8-6）对该含水层的充水性分析如下：

表 8-6　L_2、L_3 和奥灰突水系数表（6401 孔）

含水层	水压/MPa	隔水层厚/m	突水系数
L_2、L_3	5.8	96.54	0.06
奥灰	5.8	136.55	0.042

(1) 当 L_8 灰岩被治理后，L_2、L_3 灰岩含水层的突水系数为 0.06 左右，为断层复杂条件下突水的临界值，具有突水的可能性，因此矿井仍然需要作好防治水工作。

(2) 奥灰水的突水系数为 0.042，小于 0.06 的临界突水系数，因此认为奥灰水直接突入二₁煤工作面的可能性低。要防止通过导水断层、封闭不良钻孔和陷落柱等异常导水体导入工作面。

8.3　底板加固技术措施

从前面底板破坏规律分析可以看出，在开采影响下，底板随时都有可能发生突水，因此，必须进行底板注浆加固技术，以防治突水事故的发生。

煤层底板加固技术主要是沿着工作面上下顺槽布置钻场，进行注浆钻孔施工，通过注浆钻孔填充封堵灰岩含水层的岩溶裂隙和底板隔水层导水裂隙，从而大大减弱含水层的富水性并切断补给源通道，将含水层改造成不含水层或者弱含水层，实现工作面不突水开采。山东肥城和河南焦作等矿区经过多年的探索，已经形成了成套注浆技术，并认为在下述条件下，采用注浆改造方法可取得较好的经济效益。

(1) 煤层底板薄层灰岩含水层富水性强，单位降深疏水量大于 $5m^3/(h \cdot m)$；突水系数在复杂地段超过 0.06MPa/m，在正常地段超过 0.1MPa/m。

(2) 工作面存在构造破裂带、导水裂隙带等。

结合赵固一矿自身地质条件和开采条件，根据焦作矿区已有技术经验，对底板进行注浆加固，形成了一整套的底板注浆技术。

8.3.1　地面注浆站建设

1. 确定地面注浆站建设位置

在回风井以北，装车线以南长 100m、宽约 35m 的长方形区域。

2. 系统造浆与注浆能力

整个系统要有较高程度的自动化，水泥浆及混合浆液在输入视密度参数后系统能够自动完成造浆。采用高速制浆法制取水泥浆或其他混合浆液，以有效降低水泥颗粒的表面活性，提高水泥浆分散性和流动性。造浆与注浆系统既能适用黏土水泥浆，也能够适用单液普通硅酸盐水泥浆。黏土制浆采用人工上料，皮带传输，制浆能力不低于 $15m^3/h$。单液浆或混合浆液在浆液视密度为 1.5 时制浆能力不低于 $15m^3/h$。注浆泵有多档压注浆能力，最高档不低于 $15m^3/h$，泵及管路耐压最大 12MPa。配套按照注浆泵 2 台、水泥罐 2 个、黏土制浆机 2 台的要求选择配套设施。

3. 注浆材料的选用

按照就地取材、参考和借鉴成功范例的做法，结合赵固一矿的实际情况和要求,鉴于当地黏土资源较少,太灰含水层溶隙发育的特点,选取黏土和普通硅酸岩水泥作为主要注浆材料。

1)水泥

(1)一般选用普通硅酸盐水泥或耐酸水泥:标号 325、425。

(2)粒度:粒度越细,强度越高。但目前国家还没有专门生产注浆水泥的厂家及标准。一般要求:80μm 以上不大于 5%。作为混凝土用水泥细度一般是 10～36μm 的含量越高越好。但大坝水泥要求磨细:磨细水泥 $D_{max}=35μm$,$D_{50}=6～10μm$。超细水泥 $D_{max}=12μm$,$D_{50}=3～6μm$。

2)黏土

(1)一般选用钠黏土,黏性指数大于 15～17。

(2)粒度:粒度越细渗透性越强。粒径 5μm 以下的含量大于 40%～50%,粒径 5～50μm 的含量为 45%～50%,含沙量(粒径 50～250μm)小于 5%。

(3)成分:SiO_2、Al_2O_3、Fe_2O_3、MgO、CaO 等。

4. 注浆管路布置方案

按照尽可能利用现有井巷工程,既便于维护和巡视,又不危害人身安全的原则布置。

1)注浆站到井口或送料孔段

采用管路沟方案:用直径 60mm 的地质管,按 0.5% 的坡度走管路沟。卡套式连接,不影响通行和行人安全,漏浆时不方便处理。按流水坡度建设,防止有低洼处积水,冬季会冻结管路。

直径 60mm 管与井筒直径 89mm 管的连接采用软连接方式,以减少变径振动对竖井段的影响。采煤机组泵站上的高压胶管即可,长度均不得小于 2.0m。软硬连接方式时两根管路之间要有防止高压胶管接头脱扣蹦出伤人的措施。

2)地表+83m 到井底车场-510m 段

回风井及副井筒各固定一趟直径为 89mm 的地质管。89mm 管径变径到 60mm 地质管时,渐变段管接头长度均不得小于 1.50m。

3)井下巷道中的注浆管布置

采用外径 60mm 的地质管作为注浆送料管,注浆管在井下巷道中一定要布置在人行道的对侧,放置于巷道底板或固定于人行道对面的帮上,以防注浆时注浆管弹跳及漏浆伤人。当穿过防治水设施时应按照该设施的管路布设要求连接,不得造成隐患。软硬连接方式时两根管路之间要有防止高压胶管接头脱扣蹦出伤人的措施。从地面注浆站到本矿的首采工作面管路长度在 4500m 左右,距离较远。

8.3.2　注浆系统工艺参数

1. 注浆系统

地面集中建站造浆,通过送料孔和井下管路送浆,利用注浆孔向含水层注浆,每次注浆前都要进行一次注浆管路耐压试验,压力达到设计终孔压力。

2. 注浆方式

采用全段连续注浆,尽量充填岩溶裂隙。为提高钻孔利用率,注浆孔要按顺序施工,相邻钻孔在含水层段小于 50m 时,两个钻孔不得同时进入含水层。以连续注浆为主。若仅对工作面底板进行改造时,单孔注浆量超过 2000m³ 或干料 800t,可考虑间歇注浆,间歇时间一般为 4h,间歇期间必须将注浆管路冲洗干净。

3. 注浆材料

以黏土及普通硅酸岩水泥为主,并要不断试用其他材料,具体材料见表 8-7。

表 8-7　注浆材料

浆液类型	注浆材料	受注含水层类型	视密度/(g/cm³)
黏土水泥浆	黏土、普硅水泥	裂隙溶隙性含水层	1.18~1.56
单液水泥浆	普硅水泥	溶洞溶隙性含水层	1.20~1.60

4. 材料粒度

注浆材料的粒度取决于受注层裂隙的宽度,一般情况下材料粒度是裂隙宽度的 1/4 时才能注入浆液。对于小于 0.2mm 宽度的细微裂隙,用一般的水泥灌注很难取得显著效果,这一论点早已在地面坝基注浆中证明。这是由于水泥颗粒受到了裂隙宽度限制的缘故。在这种情况下应对水泥浆液等注浆材料磨细后才能灌注。为此配备了 9300Hz 激光粒度分析仪 1 台。

磨细方法:一是水泥厂磨细,二是孔口磨细浆液后灌注,三是注浆站采用湿磨机将浆液磨细后泵注到含水层。但磨细水泥的细度越细其强度越高,其凝结时间比一般水泥快得多,应特别注意维护。

5. 浆液视密度

浆液视密度视单孔涌水量及岩溶发育程度而定。单液水泥浆的视密度一般控制在 1.2~1.6g/cm³,有时用视密度为 1.12g/cm³ 的黏土浆作改性剂使用,用于改善浆液的渗透性和流动性。黏土水泥浆中的视密度控制在 $1.12\sim1.56\text{g/cm}^3$，黏土浆的视密度一般控制在 $1.12\sim1.14\text{g/cm}^3$。如对进浆量低的裂隙性含水层注浆，视密度可控制在 $1.12\sim1.26\text{g/cm}^3$。

6. 单孔注浆结束标准

当泵量低于 3 档时，注浆孔孔口压力达到终孔压力(孔口水压的 1～2 倍或设计压力)，持续 10～30min 即可终孔。注浆管路按此压力要求选购。

7. 效果检查

方法：钻探检查，检查孔的数量不少于注浆孔的 20%。

标准：检查孔水量大于 $15\text{m}^3/\text{h}$，要继续进行注浆改造，直至小于 $15\text{m}^3/\text{h}$。视具体情况可酌情制定。

重点检查地段：构造薄弱带、富水区及注浆质量差的地段。

每个孔注浆结束，要由地测科组织有关人员进行验收，填写验收报告单，进行评价。

8.3.3　造浆系统

1. 黏土制浆除砂系统

黏土制浆采用制浆机，造浆能力不低于 $15\text{m}^3/\text{h}$，密度为 $1.05\sim1.3\text{g/cm}^3$。黏土制浆机一用一备。黏土制浆后采用振动除砂器除去粗颗粒，浆液经过 40 目滤网过滤。

黏土制浆采用人工上料方式，经皮带机送到制浆机。黏土浆储浆分粗浆池和精浆池，上面都配备搅拌机，精浆池储备容量不少于 60m^3。

2. 粉料储存供料系统

粉料储存供料系统由储料罐和螺旋输送机组成，配备 2 套。

储料罐可储水泥 50t/只，安装除尘装置和除尘器清灰机构，带有料位计和安全阀，料位指示准确可靠。进料接口方便与粉料散装车对接。采用先进的破拱和物料流化技术，通入料罐内的空气为干燥空气，以保证出料流畅，不出现结块、堵塞现象。供料装置能满足连续运转的要求，符合环保要求，运行时保证不对周围环境产生污染。

3. 配料系统

配料系统由称重传感器、工业控制器、专用控制软件等组成，上料、配料自动完成,干料、水、黏土浆采用称重计量,控制准确。采用专用控制软件,用密度值反控配料过程,输入密度值,系统即可自动完成配料。

4. 水泥浆制浆储浆系统

水泥浆制浆储浆系统由涡流式高速制浆机和贮浆池组成,实现连续供浆。

涡流式高速制浆机制浆能力大于 15m³/h,密度为 1.1～1.7g/cm³,所制浆液颜色均匀,颗粒分散,浆液没有水包灰或灰包水现象,流动性好,能适用高密度制浆要求。在 1～1.7g/cm³ 的密度范围内制浆和注浆,制浆过程不出现结块和堵塞现象。

涡流式高速制浆机采用副叶轮密封,密封性能好,使用寿命长。

水泥浆贮浆池有液位检测装置,并可实施远程监控。

所有贮浆池中的低速搅拌设备都具有稳定可靠的性能,减速机下有支撑回转叶片重量的滚动轴承,运行可靠。

5. 电气控制系统

电气控制系统由强电柜、总控台、工业计算机、就地控制柜等组成,采用 PLC 作为下位机,实现过程控制,采用工业计算机作为上位机,实现程序监控。

控制系统设在操作室,系统能实现就地和远程控制。专用电气控制柜作为成套设备动作的指令发出和供电控制中心,同时具有各部件间报警及连锁功能。采用注浆站专用软件,可监视制浆、注浆工作过程,提供制浆量、总制浆量、总用灰量、班产量、制浆密度等实时数据并存储,表格输出,人机对话方便,远程监控清晰明了,数据输出快捷。

6. 注浆在线监测系统

注浆在线监测系统实现实时监控注浆过程的压力、流量、密度三参数,可实时显示各参数及历时曲线,数据存储、输出,以及打印表格输出。

测量范围:压力为 0～15MPa;流量为 0～250L/min;密度为 1.1～1.7g/cm³。

8.3.4 底板含水层注浆改造工程设计

1. 钻孔布置

11051 工作面共设计施工 28 个钻场(上巷 15 个,下巷 13 个),上、下顺槽第一钻场距东翼回风大巷分别为 131m、213m,每间隔 100m 依次为 2～13♯钻场,上、下顺槽钻场在走向方向上错开布置,个别钻场根据地质条件变化进行了调整,为保证初采段加固效果及加固工期,在切眼往外 30m 左右的两巷外帮各施工一钻场,具体如图 8-1 所示。

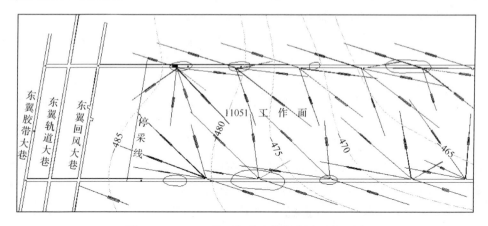

图 8-1　11051 工作面部分注浆钻孔平面布置图

　　工作面钻孔设计包括底板注浆改造钻孔、顶板探查疏放钻孔两类。底板孔布孔依据如下：①三维地震资料、实际揭露的地质资料以及物探资料（直流电法）等；②工作面外围加固范围 30m 左右；③底板注浆改造钻孔应尽量与主裂隙方向正交或斜交；④浆液扩散半径按 25～30m；⑤断层带考虑平面和立体布孔，要在垂直方向上加大加固深度，防止断层深部导水；⑥检查孔应布置在断层破碎带、水量大注浆量小的钻孔附近。设计底板注浆改造钻孔 116 个，工程量约 15080m。根据注浆加固过程中的实际水文地质情况酌情增减底板钻孔布置数量、更改单孔设计。

　　顶板孔布孔依据：①尽量考虑能探清楚基岩厚度变化趋势、顶板含水层及上覆冲积层赋存状况和富水性，钻孔尽量多在上顺槽布置；②考虑多在断层带、裂隙发育带布孔。工作面设计顶板探查疏水孔 16 个，工程量约 1360m，其中上顺槽 11 个，下顺槽 5 个。根据探测基岩厚度变化趋势、顶板含水层及上覆冲积层赋存状况和富水性，必要时增加顶板探查钻孔。疏放一段时间，水量变小后，要对钻孔进行透孔，确保疏放效果，杜绝顶板突水溃砂现象，减轻回采时顶板水害威胁程度。

　　2. 钻孔结构、参数

　　每个钻孔均编制单孔施工设计，包括平剖面图、钻孔结构图及技术要求等内容。底板钻孔倾角一般为 20°～40°，考虑钻孔尽量多揭露 L_8 灰岩，根据需要个别钻孔会进行倾角调整。钻孔一般下两级套管，首先用 ϕ113mm 钻头钻进至煤层底板以下垂距 6m 位置，下入 ϕ108mm 一级套管，管内注浆封固，凝固时间不少于 20h，然后用 ϕ94mm 钻头透孔，钻机钻进一级套管 0.5～1m 后进行耐压试验，耐压试验压力稳定在 6MPa，时间不少于 30min，孔壁周围不漏水、不渗水为合格，否则重新封固。一级套管耐压试验合格后用 $\phi94mm$ 钻头钻进至 L_9 灰底面以下垂距 3m 位置,下入 $\phi89mm$ 二级套管,管内或者管外注浆封固,凝固时间不少于 20h,然后用 $\phi75mm$ 钻头透孔,透出二级套管 0.5～1m 后进行耐压试验,耐压试验压力稳定在 13MPa,时间不少于 30min,孔壁周围不漏水、不渗水为合格,否则重新封固。二级套管耐压试验合格后用 $\phi75mm$ 钻头钻进至终孔。钻孔终孔止于 L_8 灰岩底面以下垂距 20m,特殊情况下,可视孔内涌水量大小酌情增加终孔深度,如果 L_8 灰底面以下水量不大于 $10m^3/h$,水压与 L_8 灰一致,就可以结束钻孔施工,进行注浆;如果 L_8 灰底面以下水量大于 $10m^3/h$,水压明显高于 L_8 灰水压,钻孔需要继续钻进 10m(垂距),然后进行注浆。钻进过程中,孔口安设高压阀门和防喷止水器,杜绝打钻施工期间出大水造成水害事故。

顶板钻孔须下入一级套管,用 $\phi113mm$ 钻头钻进至孔口以上垂距 14m 位置,下入 $\phi108mm$ 套管,管内注浆封固,凝固时间不少于 20h,然后用 $\phi94mm$ 钻头透孔,透出套管 0.5～1m 后进行耐压试验,耐压试验压力稳定在 6MPa,时间不少于 30min,孔壁周围不漏水、不渗水为合格,否则重新封固。套管耐压试验合格后用 $\phi94mm$ 钻头钻进至终孔,终孔以进入冲积层垂深不小于 20m 为准。

3. 注浆

在地面注浆站集中造浆,通过专用高压管路送浆,利用注浆孔向含水层注浆,每孔注浆前都要进行注浆管路耐压试验,耐压试验压力达到 15MPa,稳压 30min 为合格,注浆时孔口需安装双压力表进行观测。

黏土浆视密度稳定在 $1.10g/cm^3$ 左右,黏土水泥浆视密度控制在 1.15～ $1.20g/cm^3$,按照先稀后浓的原则,分档控制。

钻孔成孔后及时放水冲洗孔内岩粉,注前先在 3 档(102L/min)压清水 30min,然后开始用 4 档(162L/min)注浆,先注黏土浆 10～15m^3,以扩展裂隙,畅通注浆通道。接着改注黏土水泥浆,其视密度改为 $1.15g/cm^3$,注 10～20m^3,压力无变化时,视密度可增至 $1.18g/cm^3$。$1.18g/cm^3$ 视密度的黏土水泥浆注完 50～80m^3,孔口压力仍然稳定不变时,视密度可升至 $1.20g/cm^3$,按照经验值要求,达到 $1m^3/min$ 水量注入干料 100m^3 后,可以调高视密度,但不宜超过 $1.35g/cm^3$,升档必须经过矿分管领导同意后方可改变;若单孔注浆量超过 2000m^3 或干料 800t,可考虑间歇注浆,间歇时间一般为 3～4h,间歇期间必须将注浆管路冲洗干净。

钻孔注浆结束标准:孔口压力达到 10.5～13MPa,泵量依次改为 102L/min、58L/min,至设计终孔压力并稳压 10min 以上。所有钻孔注浆结束后必须重新透孔,检验注浆效果,然后进行井下封孔。注浆尽量用黏土水泥浆,增大黏土用量,在断层破碎带、出水点等需要增加加固强度的地方段可以考虑加大水泥用量或者用纯水泥浆注浆。

　　工作面自里向外每一块段注浆结束时,需要用物探和钻探进行检验,对比注浆前后物探资料进行异常区加固效果分析;若检查孔涌水量大于 $10m^3/h$,则需继续打孔注浆,直到检验孔水量小于 $10m^3/h$ 为止。

8.3.5　注浆效果

　　赵固一矿首采面 11011 根据预测在采动过程中有发生突水的危险,通过以上注浆方案对底板含水层进行改造之后,安全开采 10 个月,未发生任何突水事故,安全采出煤量接近 200 万 t。

第9章 结论与展望

本书以水文地质条件评价、现场观测、实验室相似模拟试验、数值模拟为基础,采用材料力学、弹性力学和损伤力学等固体力学理论,运用分形理论和人工智能预测方法,较全面地研究了采动影响下厚松散层薄基岩突水威胁煤层围岩破坏机理,主要包括顶板的破坏特征、覆岩破坏裂隙演化特征、不同基岩条件下煤层矿压显现规律、覆岩破坏高度和底板破坏深度,建立了覆岩裂隙演化特征的分形损伤模型、覆岩破坏高度和底板破坏深度的预测模型,为进一步研究薄基岩煤层围岩破坏机理提供了理论依据,发展了矿山压力基础理论。本书研究成果在赵固一矿薄基岩突水威胁煤层条件下进行了广泛应用,取得了显著的经济效益。

9.1 主 要 结 论

(1) 赵固一矿二₁煤层水文地质勘探类型为第三类第二亚类第二型,即以底板涌水为主的岩溶充水条件中等型矿床。二₁煤层顶板砂岩裂隙含水层富水性弱,易疏排。太原组上段灰岩含水层为二₁煤层底板直接充水含水层,其水量较丰富,水头压力大,补给强度中等。正常情况下,由于二₁煤层底板隔水层(24~40m)的存在,不会造成直接突水,但在构造断裂带和隔水层变薄区,底板灰岩含水层具突水威胁。本井田北东向断裂构造较发育,断层均为导水断层,富水性强,对开采威胁大。井田北浅部灰岩隐伏露头地带,汇集了丰富的岩溶裂隙水,未来矿井大降深排水时,会形成回流,成为二₁煤层充水水源。赵固一矿属于典型的特厚松散层薄基岩煤层,要实现矿井的安全高效开采,必须掌握该类地质条件下采动覆岩破坏规律;同时,要对高承压水条件下底板的破坏深度进行预测,对底板的突水危险性进行评价,提出预防措施。

(2) 在 RMT-150B 岩石力学试验系统上,对煤样进行了常规单轴压缩试验、三轴压缩试验,试验得出了不同岩性的岩石强度规律:石灰岩>细砂岩>中砂岩>砂质泥岩>泥岩。二₁煤顶板岩石整体完整性较好,强度较高;而底板岩石相对裂隙发育,完整性较差,强度较低。岩石的残余强度因岩性而异,对于强度较低的泥岩,残余强度是峰值强度的 1/3 左右,具有延性破坏的性质;对于单轴抗压强度较高的中、细砂岩,残余强度一般只是峰值强度的 1/10~1/20,表现为典型的脆性破坏特征。岩石承载能力与围压大致为线性关系,承载能力随着围压的提高而增大。对松散层底部的黏土进行了土工试验,试验结果表明,新近系底部为"黏-砂砾-黏"结构,新近系底部厚层黏土层天然含水率较低,孔隙比较小,渗透性不强,土样在自然状态下吸水性差,固结性小,为硬塑状态的中低压缩性土,具有良好的隔水性和较差的流动性,对防止上面砂、砾层含水层的溃水、溃砂十分有利。

(3) 通过现场矿压观测,得出 11011 工作面直接顶初次垮落步距为 7m 左右,基本顶初次来压步距为 22m 左右,周期来压步距为 7～10m;后柱的初撑力和末阻力大于前柱的初撑力和末阻力,平均初撑力占额定初撑力的 66.4%,说明工作面的初撑力偏小;平均末阻力占额定工作阻力的 87.9%,且在支柱达到末阻力时安全阀开启频繁,支架的额定工作阻力偏小;工作面超前影响范围为 65m 左右,剧烈影响范围为 40m 左右,巷道变形受来压影响较大,两帮收缩大于底臌。通过相似模拟试验,得出薄基岩煤层直接顶初次垮落步距为 35m 左右,基本顶初次垮落步距为 45m 左右,周期来压步距为 7.5～12.5m,来压剧烈;沿着煤层走向,顶板中的应力变化具有明显的分区特征,根据应力变化可以将其分为稳定区、缓慢升高区、明显升高区和降低区,且在在煤层围岩体中存在一动态的压力拱结构,该结构是采场主要的承载体;上覆岩层的垂直位移特征可以将其划分为起始阶段、活跃阶段、跳跃阶段和衰减稳定阶段;采空区上方覆岩形成了形态不明显的"马鞍形"冒落带和裂隙带。开采过后,冒落带高度为 15m,垮采比为 4.3;裂隙带高度为 32m,裂采比为 9.15。通过现场观测和相似模拟试验得到厚松散层薄基岩煤层综采矿压显现规律:工作面来压步距短,来压剧烈;顶板可以简化为单一关键层结构,顶板断裂后主要形成"短砌体梁"和"台阶岩梁"两种结构。

(4) 随着工作面的向前推进,由于采动所形成的裂隙网络不断向工作面前方和上覆岩层扩展,裂隙网络可以较好地表征岩体的结构特征;薄基岩煤层上覆岩层在采动影响下裂隙的形成、发育、扩展、分布具有较好的自相似性和分形特征,可以用分形维数描述裂隙网络的二维空间特征。随着工作面的推进,裂隙网络分形维数增大,但随着开采宽度的进一步增加,分形维数增加趋势减缓;超前支承压力不断增加,采动裂隙网络分形维数也随之增加,但分形维数并不是随着压力的增大呈线性增加;采动裂隙网络演化的分形维数可以较好地表征岩层的下沉特征,但分形维数与下沉量之间的关系是非线性的,同时对于薄基岩煤层,基岩和松散层交界面是下沉量发生变化的转折面。

从损伤力学基本概念入手,分析了损伤岩石的分形特征,建立了覆岩发生破坏的分形损伤模型:

$$\begin{cases} C_d = \beta r_0^{3-D_f} \\ D = \dfrac{16}{9}\dfrac{1-\nu_0^2}{1-2\nu_0}\beta r_0^{3-D_f} \\ P = (1-D)K\varepsilon \\ S = \dfrac{3K_0(1-2\nu_0)}{(1+\nu_0)}e \\ Y = -\dfrac{1}{2}(\lambda\varepsilon_{ii}^e\varepsilon_{jj}^e + 2\mu\varepsilon_{ij}^e\varepsilon_{ij}^e) \end{cases}$$

（5）通过对薄基岩煤层不同基岩厚度和不同松散层厚度条件下的围岩运动规律所做的数值模拟研究得出如下结论：11011 工作面垮落带高度为 15m,裂隙带高度为 29.8m,该结果与相似模拟试验结果基本吻合。对覆岩的应力场进行了分区,将覆岩主应力分为双向拉应力区、拉压应力区和压应力区;垂直应力主要集中在煤柱的顶、底板及周围岩层中,应力集中最大值在煤壁上;水平应力主要集中在煤柱顶板及靠近煤柱顶板的岩层中。薄基岩煤层工作面基岩存在一临界安全厚度,通过对不同厚度基岩条件下覆岩运动规律的数值模拟研究得出,当基岩厚度小于 35m,顶板应力和变形较大,稳定性较差,尤其是当基岩厚度小于 15m 时,顶板不能形成承载结构。

（6）对影响覆岩破坏高度的主要因素进行了分析,得出不同的开采方法和开采厚度对覆岩破坏高度将产生明显的影响,尤其是综放开采时覆岩破坏高度与采厚之间呈分式函数关系,裂采比小于薄煤层单层开采或中厚煤层开采情况;一般情况下,岩性越硬,导水裂隙带发育高度越大,岩性越软,导水裂隙带发育高度越小;断层对导水裂隙带的影响随断层与裂隙带位置的变化而变化,当断层位于裂隙带边缘或者附近时,对导水裂隙带影响最大;工作面的倾斜长度是影响导水裂隙带高度的主要因素,当走向长度和倾斜长度相同时,导水裂隙带高度达到最大;导水裂隙带高度随着时间的延长而增加,当导水裂隙带增加到最大值时,随着时间增加,导水裂隙带高度有减小的趋势,但坚硬岩石不发生变化。在分析影响覆岩破坏高度的主要因素的基础上,利用改进的人工神经网络算法建立了裂隙带高度的预测模型。经检验,该模型预测值与实测值误差较小,可以满足需要,具有推广价值。

（7）采用地面钻孔法,对覆岩破坏高度进行了观测,得到覆岩的垮落带高度为 13.1m,垮采比为 3.85,裂隙带高度大于 29.2m,裂采比大于 8.59,这一结果与实验室相似模拟结果和数值模拟结果基本吻合,说明该方法可以在该种条件使用。

（8）利用矿井直流电法的对称四极剖面法对底板的破坏深度进行了现场观测,得出底板破坏的极大值位置与工作面煤壁水平距离为 12.2m;底板破坏深度的极大值为 23.48m,并得出了地质点定位方法和破坏深度边界 1.5 倍正常视电阻率判据。相似模拟试验得出底板的最大破坏深度为 23m,这一结果与现场实测基本吻合。试验表明底板破坏时底板岩层应力分布在工作面后方,压力呈现下降趋势,而在工作面的前方压力呈现上升趋势,其中在工作面的前后 20m 之间为压力变化敏感阶段,该阶段压力集中系数最大达到 1.15,最小压力集中系数为 0.68;底板经历压缩—膨胀—再压缩三个阶段,其破坏过程具有周期性和时间效应。分析了影响底板破坏深度的主要因素,阐述了支持向量机原理和支持向量回归机基本知识,建立了基于支持向量回归机理论的底板破坏深度预测模型,并进行了仿真实验。实验结果表明,用支持向量机预测底板破坏深度是可行的,具有较好的学习性能和推广价值。

(9) 对顶板发生突水溃砂的可能性进行了分析,设计了底黏厚度大于 2 倍煤厚时的顶板防塌安全煤岩柱,制定了开采技术措施和防水或防砂安全技术措施。对底板隔水层性质和含水层导升高度进行了评价,建立了成套的底板加固技术,并取得了良好的效果。

9.2　展　　望

目前我国对于薄基岩煤层围岩活动规律的研究主要集中在浅埋煤层,对于特厚松散层薄基岩煤层围岩活动规律的研究还处于探讨阶段,作者在本书中只是对具体条件下的厚松散层薄基岩煤层围岩破坏规律进行一些探讨,目前还存在较多的问题有待进一步研究。

(1) 薄基岩的定义问题。对于薄基岩的划分界限,一些学者也进行了探讨,但都是在具体的地质条件下进行的,本书是基于赵固一矿地质条件对基岩厚度的安全界限进行了讨论,如何建立统一的薄基岩概念还需要进一步研究。

(2) 松散层底部黏土层的作用。在大部分矿区,在松散层底部存在一层具有一定厚度的黏土层,不同的地质条件黏土层的性质也不一样,黏土层的性质和厚度对覆岩破坏和裂隙发育具有重要的影响作用,但其之间的影响关系还需要进一步探索。

(3) 利用地面钻孔法对松散层大于 500m 的煤层进行覆岩破坏高度的探测,这在国内还属于首次。方法还存在诸多问题,需要进一步完善;利用直流电法进行底板破坏深度的探测,其结果尽管与相似模拟和数值模拟基本吻合,但直流电法本身存在的缺点以及适用性还需要实验室进一步进行试验研究。

参 考 文 献

[1] 彭世济. 前言//第二届国际采矿科学技术讨论会. 徐州, 1990.

[2] 钱鸣高, 石平五. 矿山压力与岩层控制. 徐州: 中国矿业大学出版社, 2003.

[3] 钱鸣高. 采场覆岩的平衡条件. 中国矿业学院学报, 1981, (2): 1-5.

[4] 钱鸣高. 采场上覆岩层岩体结构模型及其应用. 中国矿业学院学报, 1982, (2): 1-6.

[5] 缪协兴, 钱鸣高. 采场围岩整体结构与砌体梁力学模型. 矿山压力与顶板管理, 1995, (3-4): 3-12.

[6] 钱鸣高, 缪协兴. 采场上覆岩层结构的形态与受力分析. 岩石力学与工程学报, 1995, 14(2): 97-106.

[7] Qian M G. A study of the behavior of overlying strata in longwall mining and its application to strata control. Developments in Geotechnical Engineering, 1981, 32: 13-17.

[8] 钱鸣高, 缪协兴, 何富连. 采场"砌体梁"结构的关键块分析. 煤炭学报, 1994, 19(6): 557-564.

[9] 缪协兴. 采场老顶初次来压时的稳定性分析. 中国矿业学院学报, 1989, 18(3): 88-92.

[10] 曹胜根, 缪协兴, 钱鸣高. "砌体梁"结构的稳定性及其应用. 东北煤炭技术, 1998, (5): 21-26.

[11] 钱鸣高, 赵国景. 老顶断裂前后的矿山压力变化. 中国矿业学院学报, 1986, 15(4): 11-19.

[12] 钱鸣高, 张顶立, 黎良杰, 等. 砌体梁的"S-R"稳定及其应用. 矿山压力与顶板管理, 1994, 10(3): 6-11.

[13] Qian M G, He F L. The behavior of the main roof in longwall mining-weighting span, fracture and disturbance. Journal of Mines, Metals & Fuels, 1989, (6): 240-246.

[14] 宋振骐. 实用矿山压力控制. 徐州: 中国矿业大学出版社, 1988.

[15] 宋振骐. 采场上覆岩层运动的基本规律. 山东矿业学院学报, 1979, (1): 22-41.

[16] 宋振骐, 蒋金泉. 煤矿岩层控制的研究重点与方向. 岩石力学与工程学报, 1996, 15(2): 128-134.

[17] 宋振骐, 宋扬. 内外应力场理论及其在矿压控制中的应用. 中国北方岩石力学与工程应用学术会议论文集. 北京: 科学出版社, 1991.

[18] 宋振骐, 宋扬, 刘义学, 等. 关于采场支承压力的显现规律及其应用. 山东矿业学院学报(自然科学版), 1982, (1): 1-6.

[19] 山东矿业学院矿山压力研究室. 矿山压力和岩层控制理论的研究. 山东矿业学院学报(自然科学版), 1983, (2): 1-7.

[20] 钱鸣高, 赵国景. 基本顶断裂前后的矿山压力变化. 中国矿业学院学报, 1986, 15(4): 11-19.

[21] 姜福兴. 薄板力学解在坚硬顶板采场的适用范围. 西安矿业学院学报, 1991, 11(2): 12-19.

[22] 贾喜荣, 杨永善, 杨金梁. 老顶初次断裂后的矿压裂隙带. 山西煤炭, 1994, (4): 21-22.

[23] 贾喜荣, 李海, 王青平, 等. 薄板矿压理论在放顶煤工作面中的应用. 太原理工大学学报, 1999, 30(2): 179-183.

[24] 贾喜荣, 翟英达. 采场薄板矿压理论与实践综述. 矿山压力与顶板管理, 1999, 3(4): 25-29.

[25] 贾喜荣, 翟英达, 杨双锁. 放顶煤工作面顶板岩层结构及顶板来压计算. 煤炭学报, 1998, 23(4): 366-370.

[26] 刘广责, 姬刘亭, 王志强. 采场上覆关键层弹性薄板断裂条件判定. 煤炭工程, 2009, (7): 83-86.

[27] 翟所业, 张开智. 用弹性板理论分析采场覆岩中的关键层. 岩石力学与工程学报, 2004, 23(11): 1856-1860.

[28] 林海飞, 李树刚, 成连华, 等. 基于薄板理论的采场覆岩关键层的判别方法. 煤炭学报, 2009, 33(10): 1081-1085.

[29] 王红卫, 陈忠辉, 杜泽超, 等. 弹性薄板理论在地下采场顶板变化规律研究中的应用. 岩石力学与工程学报, 2006, 25(增 2): 3769-3774.

[30] 陈忠辉,谢和平,李全生.长壁工作面采场围岩铰接薄板组力学模型研究.煤炭学报,2005,30(2):172-176.

[31] 华心祝.倾斜长壁大采高综采工作面围岩控制机理研究.北京:中国矿业大学(北京)博士学位论文,2006.

[32] 钱鸣高,缪协兴,许家林.岩层控制中的关键层理论研究.煤炭学报,1996,21(3):225-230.

[33] 许家林.岩层移动控制的关键层理论及其应用.徐州:中国矿业大学博士学位论文,1999.

[34] 钱鸣高,茅献彪,缪协兴.采场覆岩中关键层上载荷的变化规律.煤炭学报,1998,23(2):135-230.

[35] 许家林,钱鸣高.覆岩关键层位置的判断方法.中国矿业大学学报.2000,29(5):463-467.

[36] 茅献彪,缪协兴,钱鸣高.采动覆岩中关键层的破断规律研究.中国矿业大学学报,1998,27(1):39-42.

[37] 浦海,缪协兴.采动覆岩中关键层运动对围岩支承压力分布的影响.岩石力学与工程学报,2002,21(增2):2366-2369.

[38] 钱鸣高,缪协兴,许家林,等.岩层控制的关键层理论.徐州:中国矿业大学出版社,2003.

[39] 钱鸣高,许家林,缪协兴.岩层控制的关键层理论及其应用//21世纪中国煤工业第五次全国委员代表大会暨学术研讨会论文集.2001:13-19.

[40] 茅献彪,缪协兴,钱鸣高.采高及复合关键层效应对采场来压步距的影响.湘潭矿业学院学报,1999,14(1):1-5.

[41] 缪协兴,茅献彪,孙振武,等.采场覆岩中复合关键层的形成条件与判别方法.中国矿业大学学报,2005,34(5):547-550.

[42] 孙振武,缪协兴,茅献彪.采场覆岩复合关键层的判别条件.矿山压力与顶板管理,2005,(4):763-78.

[43] 徐金海,刘克功,卢爱红.短壁开采覆岩关键层黏弹性分析与应用.岩石力学与工程学报,2006,25(6):1147-1151.

[44] 许家林,孟广石.应用上覆岩层采动裂隙"O"形圈特征抽放采空区瓦斯.煤矿安全,1995,(7):2-4.

[45] 许家林,钱鸣高,金宏伟.基于岩层移动的"煤与煤层气共采"技术研究.煤炭学报,2004,29(2):129-132.

[46] 许家林,钱鸣高.岩层采动裂隙分布在绿色开采中的应用.中国矿业大学学报,2004,33(2):141-149.

[47] 屈庆栋,许家林,钱鸣高.关键层运动对邻近层瓦斯涌出影响的研究.岩石力学与工程学报,2007,26(7):1478-1484.

[48] 黎良杰.采场底板突水机理的研究.徐州:中国矿业大学博士学位论文,1995.

[49] 白晨光,黎良杰,于学馥.承压水底板关键层失稳的尖点突变模型.煤炭学报,1997,22(2):149-154.

[50] 缪协兴,陈荣华,白海波.保水开采隔水关键层的基本概念及力学分析.煤炭学报,2007,32(6):561-564.

[51] 缪协兴,浦海,白海波.隔水关键层原理及其在保水采煤中的应用研究.中国矿业大学学报,2008,37(1):1-4.

[52] 许家林,钱鸣高,朱卫兵.覆岩主关键层对地表下沉动态的影响研究.岩石力学与工程学报,2005,24(5):787-791.

[53] 许家林,连国明,朱卫兵.深部开采覆岩关键层对地表沉陷的影响.煤炭学报,2007,27(7):686-690.

[54] 姜福兴.基本顶的基本结构形式.岩石力学与工程学报,1993,12(4):366-379.

[55] 姜福兴,Luo X,杨淑华.采场覆岩空间破裂与采动应力场的微震探测研究.岩土工程学报,2003,25(1):23-25.

[56] 史红,姜福兴.采场上覆大厚度坚硬岩层破断规律的力学分析.岩石力学与工程学报,2004,23(18):3066-3069.

[57] 姜福兴.采场覆岩空间结构观点及其应用研究.采矿与安全工程学报,2006,23(1):30-33.

[58] 史红,姜福兴.采场上覆岩层结构理论及其新进展.山东科技大学学报(自然科学版),2005,24(1):21-26.

[59] 姜福兴.采场顶板控制设计及其专家系统.徐州:中国矿业大学出版社,1995.

[60] 姜福兴.岩层质量指数及其应用.岩石力学与工程学报,1994,13(3):270-278.

[61] 姜福兴,张兴民,杨淑华,等.长壁采场覆岩空间结构探讨.岩石力学与工程学报,2006,25(5):979-983.

[62] 史红,姜福兴.综放采场上覆厚层坚硬岩层破断规律的分析及应用.岩土工程学报,2006,28(4): 525-528.

[63] 闫少宏,吴健.放顶煤开采顶煤运移实测与损伤特性分析.岩石力学与工程学报,1996,15(2):155-162.

[64] 闫少宏,贾光胜,刘贤龙.放顶煤开采上覆岩层结构向高位转移机理分析.矿山压力与顶板管理,1996, (3):3-5.

[65] 石平五,张幼振.急、斜煤层放顶煤开采"跨层拱"结构分析.岩石力学与工程学报,2006,25(1):79-82.

[66] 张顶立.综放工作面煤岩稳定性研究及控制.徐州:中国矿业大学博士学位论文,1995.

[67] 陆明心,郝海金,吴健.综放开采上位岩层的平衡结构及其对采场矿压显现的影响.煤炭学报,2002,27 (6):591-595.

[68] 赵经彻,陶廷云,刘先贵,等.关于综放开采的岩层运动和矿山压力控制问题.岩石力学与工程学报, 1997,16(2):132-139.

[69] Peng S S. Coal Mine Ground Control(3rd edition). Morgantown:West Virginia University,2008.

[70] 谭云亮.矿山压力与岩层控制.北京:煤炭工业出版社,2008.

[71] 康立勋.大同综采工作面端面漏冒及其控制.徐州:中国矿业大学博士学位论文,1994.

[72] 李殿臣,刘庆顺.综采放顶煤工作面矿压显现规律研究.河北煤炭,2000,(1):28-30.

[73] 靳钟铭,徐林生.煤矿坚硬顶板控制.北京:煤炭工业出版社,1994.

[74] 谭云亮.矿山岩层运动非线性动力学特征研究.沈阳:东北大学博士学位论文,1996.

[75] 谭云亮,王泳嘉,朱浮声.矿山岩层运动非线性动力学反演预测方法.岩土工程学报,1998,20(4): 16-19.

[76] 谭云亮,宋扬,王泳嘉.矿山压力现象的神经网络聚类分析研究.矿山压力与顶板管理,1995,(3-4): 85-88.

[77] 谭云亮,孙中辉.矿区岩层运动非线性动力学特征及预测研究的基本框架.中国地质灾害与防治学报, 2006,11(2):51-54.

[78] 查剑锋,郭广礼,刘元旭,等.矸石变形非线性及其对岩层移动的影响.煤炭学报,2009,34(8): 1071-1075.

[79] 牟宗龙,窦林名.坚硬顶板突然断裂过程中的突变模型.矿山压力与顶板管理,2004,(4):90-94.

[80] 胡友彪,郑世书.模糊综合评价方法在矿井水源判别中的应用.全国矿井水文工程地质学术交流会论文集.北京:地震出版社,1992.

[81] 李玉山,张健元.国外矿山防治水技术的发展,国外矿山防治水技术的发展与实践.冶金工业部鞍山黑色冶金矿山设计院,1983.

[82] 李玉山.国外帷幕注浆技术的进展,国外矿山防治水技术的发展与实践.冶金工业部鞍山黑色冶金矿山设计院,1983.

[83] 外尾善次郎.煤矿地下水的预测,国外矿山防治水技术的发展与实践.冶金工业部鞍山黑色冶金矿山设计院,1983.

[84] 斯列萨列夫 B.水体下安全采煤的条件,国外矿山防治水技术的发展与实践.冶金工业部鞍山黑色冶金矿山设计院,1983.

[85] 奥耶莫比 O O.尼日利亚煤矿排水遇到的问题//第三届国际矿山防治水会议论文集.北京:煤炭科学技术情报研究所,1990.

[86] 贾代尔 T L.悉尼盆地煤层中矿井水量及特征预测性研究//第三届国际矿山防治水会议论文集.北京：煤炭科学技术情报研究所,1990.

[87] 内特切夫 P. 论水对澳大利亚采矿业的作用和影响.第三届国际矿山防治水会议论文集.北京：煤炭科学技术情报研究所,1990.

[88] 布朗 P E. 在选择开采地点时有关的水文地质危险性评价//第三届国际矿山防治水会议论文集.北京：煤炭科学技术情报研究所,1990.

[89] 罗戈兹 M. 波兰煤矿透水的预防//第三届国际矿山防治水会议论文集.北京：煤炭科学技术情报研究所,1990.

[90] 万赛立克 M. 萨尔察赫褐煤矿吐水的预防准则及排水方案//第三届国际矿山防治水会议论文集.北京：煤炭科学技术情报研究所,1990.

[91] 煤炭科学研究院北京开采研究所.煤矿地表移动与覆岩破坏规律及其应用.北京：煤炭工业出版社,1981.

[92] 张金才,张玉卓,刘天泉.岩体渗流与煤层底板突水.北京：地质出版社,1997.

[93] 张金才,刘天泉.论煤层底板采动裂隙带的深度及分布特征.煤炭学报,1990,15(2)：46-55.

[94] 张金才.煤层底板突水预测的理论与实践.煤田地质与勘探,1989,(1)：38-41.

[95] 张金才.煤层底板的采动影响特征.北京：中国展望出版社,1990.

[96] 张金才.煤层底板突水预测的理论判据及其应用.力学与实践,1990,(2)：43-46.

[97] 李加祥,李白英.受承压水威胁的煤层底板"下三带"理论及其应用.中州煤炭,1990,(5)：25-29.

[98] 高延法,李白英.受奥灰承压水威胁煤层采场底板变形破坏规律研究.煤炭学报,1992,17(1)：25-27.

[99] 李白英.预防矿井底板突水的"下三带"理论及其发展与应用.山东矿业学院院报,1999,18(4)：11-18.

[100] 魏久传,李白英.承压水上采煤安全性评价.煤田地质与勘探,2000,(4)：57-59.

[101] 王作宇.煤层底板岩体移动的"原位张裂"理论.河北煤炭,1988,(3)：15-19.

[102] 王作宇.煤层底板岩体移动的"零位破坏"理论.河北煤炭,1988,(4)：22-27.

[103] 王作宇.底板零位破坏带最大深度的分析计算.煤炭科学技术,1992,(2)：1-8.

[104] 王作宇,刘鸿泉,王培彝,等.承压水上采煤学科理论与实践.煤炭学报,1994,19(1)：40-48.

[105] 施龙青,尹增德,刘永法.煤矿底板损伤突水模型.焦作工学院学报(自然科学版),1998,17(6)：403-405.

[106] 施龙青,宋振骐.采场底板"四带"划分理论研究.焦作工学院学报(自然科学版),2000,19(4)：241-245.

[107] 施龙青,韩进.开采煤层底板"四带"划分理论与实践.中国矿业大学学报,2005,34(1)：16-23.

[108] 于小鸽,施龙青,魏久传,等.采场底板"四带"划分理论在底板突水评价中的应用.山东科技大学学报(自然科学版),2006,25(4)：14-17.

[109] 冯启言,陈启辉.煤层开采底板破坏深度的动态模拟.矿山压力与顶板管理,1998,(3)：71-73.

[110] 胡耀青.带压开采岩体水力学理论与应用.太原：太原理工大学博士学位论文,2003.

[111] 许学汉.煤矿突水预报研究.北京：地质出版社,1991.

[112] 李抗抗,王成绪.用于煤层底板突水机理研究的岩体原位测试技术.煤田地质与勘探,1992,25(3)：32-33.

[113] 肖洪天,李白英,周维垣.煤层底板的损伤稳定分析.中国地质灾害与防治学报,1999,10(2)：33-39.

[114] 张文泉,刘伟韬,王振安.煤矿底板突水灾害地下三维空间分布特征.中国地质灾害与防治学报,1997,8(1)：39-45.

[115] 张文泉,刘伟韬,张红日,等.煤层底板岩层阻水能力及其影响因素的研究.岩土力学,1998,19(4)：31-35.

[116] 张希诚,施龙青,季良军.曹庄井田深部防治水工作研究.焦作工学院学报,1998,17(6):438-441.

[117] 胡宽,曹玉清.采掘工作面底板突水和防治原则的基本理论研究.华北地质矿产杂志,1997,12(3):203-225.

[118] 卜昌森,张希诚.综合水文地质勘探在煤矿岩溶水害防治中的应用.煤炭科学技术,2001,29(3):32-34.

[119] 赵启峰,王玉怀,孟祥瑞,等.煤层底板采动应力场及变形破坏特征的数值模拟研究.矿业研究与开发,2009,(4):25-27.

[120] 尹尚先.煤层底板突水模式及机理研究.西安科技大学学报,2009,29(6):661-665.

[121] 弓培林,胡耀青,赵阳升,等.带压开采底板变形破坏规律的三维相似模拟研究.岩石力学与工程学报,2005,24(23):4396-4402.

[122] 冀贞文,潘俊锋,任勇.承压水上开采工作面底板破坏区域分布规律研究.煤矿开采,2009,14(5):37-39.

[123] 王贵虎,何廷俊.带压开采底板应力场及变形破坏特征试验研究.贵州大学学报(自然科学版),2007,24(6):630-634.

[124] 霍勃尔瓦依特B.浅部长壁法开采效果的地质技术评价.煤炭科研参考资料,1985,(3):24-28.

[125] Holla L,Buizen M. Strata movement due to shallow longwall mining and the effect on ground permeability. The AusIMM Bullefin and Proceedings,1990,295(1):11-18.

[126] Shith G J,Rosenbaum M S. Resent underground investigation of abandoned chalk mine workings beneath Norwich City,Norfolk. Engineering Geology,1993,36(1-2):67-78.

[127] Miller R D,Steeples D W,Schulte L. Shallow seismic reflecting study of salt dissolution well field near Htchinson KS. Mining Engineering (Littleton Colorado),1993,45(10):1291-1296.

[128] Reid B. Longwall mining in South Africa. International Journal of Rock Mechanics and Mining Sciences and Geomechanics Abstracts,1995,32(3):140.

[129] Singh R P, Yadav R N. Subsidence due to coal mining in India. IAHS Publications-Series of Proceedings and Reports-Intern Assoc Hydrological Sciences,1995,234:207-214.

[130] Rajendra S,Singh T N,Bharaf B D. Coal pillar loading in shallow conditions. International Journal of Rock Mechanics and Mining Sciences and Geomechanics Abstracts,1996,53(8):757-768.

[131] 石平五,侯忠杰.神府浅埋煤层顶板破断运动规律.西安矿业学院学报,1996,16(3):201-205.

[132] 张俊云,侯忠杰,田瑞云,等.浅埋采场矿压及覆岩破断规律.矿山压力与顶板管理,1998,(3):9-12.

[133] 侯忠杰.浅埋煤层关键层研究.煤炭学报,1999,24(4):359-363.

[134] 侯忠杰.地表厚松散层浅埋煤层组合关键层的稳定性分析.煤炭学报,2000,25(2):127-131.

[135] 谢胜华,侯忠杰.浅埋煤层组合关键层失稳临界突变分析.矿山压力与顶板管理,2002,(1):67-69.

[136] 侯忠杰,谢胜华,张杰.地表厚土层浅埋煤层开采模拟实验研究.西安科技学院学报,2003,23(4):357-360.

[137] 侯忠杰.断裂带基本顶的判别准则及在浅埋煤层中的应用.煤炭学报,2003,28(1):8-12.

[138] 侯忠杰,张杰.厚松散层浅埋煤层覆岩破断判据及跨距计算.辽宁工程技术大学学报,2004,23(5):577-580.

[139] 张杰,侯忠杰.厚土层浅埋煤层覆岩运动破坏规律研究.采矿与安全工程学报,2007,24(1):56-59.

[140] 侯忠杰,吴文湘,肖民.厚土层薄基岩浅埋煤层"支架-围岩"关系实验研究.湖南科技大学学报(自然科学版),2007,22(1):9-12.

[141] 黄庆享.浅埋煤层长壁开采顶板结构及岩层控制研究.徐州:中国矿业大学出版社,2000.

[142] 黄庆享.浅埋煤层的矿压特征与浅埋煤层定义.岩石力学与工程学报,2002,21(8):1174-1177.

[143] 黄庆享. 浅埋煤层长壁开采顶板结构理论与支护阻力确定. 矿山压力与顶板管理, 2002, (1): 70-72.

[144] 黄庆享, 胡火明, 刘玉卫, 等. 浅埋煤层工作面液压支架工作阻力的确定. 采矿与安全工程学报, 2009, 26(3): 304-307.

[145] 李刚, 梁冰, 李凤仪. 浅埋煤层厚积砂薄基岩顶板破断机理研究. 中国矿业, 2005, 14(8): 82-83.

[146] 李凤仪, 梁冰, 董尹庚. 浅埋煤层工作面顶板活动及其控制. 矿山压力与顶板管理, 2005, (4): 78-81.

[147] 李凤仪, 王继仁, 刘钦德. 薄基岩梯度复合板模型与单一关键层解算. 辽宁工程技术大学学报, 2006, 25(4): 524-526.

[148] 许家林, 蔡东, 傅昆岚. 邻近松散承压含水层开采工作面压架机理与防治. 煤炭学报, 2007, 32(12): 1239-1243.

[149] 杨峰华. 薄基岩采动破断及其诱发水砂混合流运移特性研究. 徐州: 中国矿业大学博士学位论文, 2009.

[150] 方新秋, 黄汉富, 金桃, 等. 厚表土薄基岩煤层综放开采矿压显现规律. 采矿与安全工程学报, 2007, 24(3): 326-330.

[151] 金桃, 柏建彪, 方新秋, 等. 薄基岩厚表土煤层开采的极限基岩厚度分析. 煤, 2007, 16(3): 4-6.

[152] 方新秋, 黄汉富, 金桃, 等. 厚表土薄基岩煤层开采覆岩运动规律. 岩石力学与工程学报, 2008, 27(1): 2700-2706.

[153] 赵宏珠. 浅埋采动煤层工作面矿压规律研究. 矿山压力与顶板管理, 1996, 2: 23-27.

[154] 张俊云, 侯忠杰, 田瑞云, 等. 浅埋采场矿压及覆岩破断规律. 矿山压力与顶板管理, 1998, (3): 9-11.

[155] 涂敏, 桂和荣, 李明好, 等. 厚松散层及超薄覆岩厚煤层防水煤柱开采试验研究. 岩石力学与工程学报, 2004, 23(20): 3494-3497.

[156] 张世凯, 王永申, 李钢. 厚松散层薄基岩煤层矿压显现规律. 矿山压力与顶板管理, 1998, (3): 5-9.

[157] 胡炳南, 赵有星, 张华兴. 厚冲积层与薄基岩条带开采地表移动参数与实践效果. 煤矿开采, 2006, 11(1): 56-58.

[158] 郭惟嘉, 陈绍杰, 李法柱. 厚松散层薄基岩条带法开采采留尺度研究. 煤炭学报, 2006, 31(6): 747-751.

[159] 袁文忠. 相似理论与静力学模型试验. 成都: 西南交通大学出版社, 1998.

[160] 李晓红. 岩石力学实验模拟技术. 北京: 科学出版社, 2007.

[161] 耿献文. 矿山压力测控技术. 徐州: 中国矿业大学出版社, 2001.

[162] Mandelbrot B B. Les Objects Fractals: forme, hasard et dimension. Paris: Flammarion, 1975.

[163] Mandelbrot B B. The Fractal Geometry of Nature. New York: Freeman, 1982.

[164] Mandelbrot B B. Fractals: Form, Chance and Dimension, San Francisco. New York: Freeman, 1977.

[165] Mandelbrot B B. Self-affine fractal sets // Fractals in Physics. Amsterdam: North Holland Publishing, 1986.

[166] Falconer. The Geometry of Fractal set. Cambridge: Cambridge University. Press, 1985.

[167] Feder J. Fractals. New York: Plenum Press, 1988.

[168] Kachanov L M. Time of the rupture process under creep conditions, Isv Akad Nauk SSR Otd Tekh. Nauk, 1958, 8: 26-31.

[169] Robotnov Y N. Creep Problems in Structural Members. Amsterdam: North Holland Publishing, 1963.

[170] Hult J. Continuum Damage Mechanics-Capabilities Limitations and Promises. Oxford: Mechanism of Deformation and Fracture Pergamon Press, 1979.

[171] 余寿文, 冯西桥. 损伤力学. 北京: 清华大学出版社, 1997.

[172] Tucotte D L. Fractal and Fragmentation. Journal of Geophysical Research, 1986, 91(B2): 1921-1926.

[173] 大野博之,小岛圭二.岩石破裂系的分形维.应用地质(日),1988,29(4):11-18.

[174] 李建光.岩土类材料的损伤本构模型及其在冲击动力学问题中的应用.安徽:中国科技技术大学博士论文,2007.

[175] 王连国,易恭猷,韩继胜.软岩巷道支护方案的数值模拟研究.煤炭学报,2000,(4):4-7.

[176] 李仲奎,梁海波.FLAC程序基本原理及使用方法指南.北京:清华大学水利水电工程系,1993.

[177] 邓金根,刘书杰.软泥岩井眼弹塑性变形的拉格朗日元法计算.地质力学学报,1999,5(1):33-37.

[178] 武强,魏学勇.开滦东欢沱矿北二采区冒裂带高度可视化数值模拟.煤田地质与勘探,2002,30(5):42-44.

[179] 袁景.谢桥煤矿1201(3)工作面覆岩导水裂缝带高度预测.阜新:辽宁工程技术大学硕士学位论文,2005.

[180] 陈荣华,白海波,冯梅梅.综放面覆岩导水裂隙带高度的确定.采矿与安全工程学报,2006,23(2):220-223.

[181] 刘志军,胡耀青.带压开采底板破坏规律的三维数值模拟研究.太原理工大学学报,2004,35(4):400-403.

[182] 徐国元,彭续承.充填法采矿的顶板导水裂缝扩展规律数值模拟研究.中南矿业学院学报,1994,25(6):681-685.

[183] 李海梅,关英斌.显德汪煤矿煤层底板采动破坏效应的有限元模拟.煤炭工程,2002,(10):38-40.

[184] 许家林,钱鸣高.覆岩采动裂隙分布特征的研究.矿山压力与顶板管理,1997,(3-4):210-212.

[185] 杜时贵,翁欣海.煤层倾角与覆岩变形破裂分带.工程地质学报,1997,5(3):211-217.

[186] 桂和荣,周庆富.综放开采最大导水裂隙带高度的应力法预测.煤炭学报,1997,22(4):375-379.

[187] 刘盛东,吴荣新,张平松等.高密度电阻率法观测煤层上覆岩层破坏.煤炭科学技术,2001,(4):18-19.

[188] 朱国维,王怀秀.利用超声成像技术辅助判定覆岩破坏钻孔的导水裂隙带高度.淮南工业学院学报,1999,19(3):5-10.

[189] 程学东,刘盛东,刘登宪.煤层采后围岩破坏规律的声波CT探测.煤炭学报,2001,26(2):153-155.

[190] 康永华.采煤方法变革对导水裂缝带发育规律的影响.煤炭学报,1998,23(3):262-266.

[191] 煤炭科学研究院北京开采所.煤矿地表移动与覆岩破坏规律及其应用.北京:煤炭工业出版社,1981.

[192] 尹增德.采动覆岩破坏特征及其应用研究.青岛:山东科技大学博士学位论文,2007.

[193] 谭志祥,何国清.断层影响下导水裂缝带的发育规律.煤炭科学技术,1997,(10):45-47.

[194] 马庆云,赵晓东,宋振骐.采场老顶岩梁的超前破断与矿山压力.煤炭学报,2001,26(5):473-477.

[195] 许东,吴铮.基于MATLAB6.x的系统分析与设计-神经网络.西安:西安电子科技大学出版社,2002.

[196] 飞思科技产品研发研究中心.MATLAB6.5辅助神经网络分析与设计.北京:电子工业出版社,2003.

[197] 丛爽.面向MATLAB工具箱地神经网络理论与应用(第2版).安徽:中国科技大学出版社,2003.

[198] 刘树才,岳建华,刘志新.煤矿水文物探技术与应用.徐州:中国矿业大学出版社,2005.

[199] 王作宇,刘鸿泉.承压水上采煤.北京:煤炭工业出版社,1993.

[200] 国家煤炭局.建筑物、水体、铁路及主要井巷煤柱留设及压煤开采规程.北京:煤炭工业出版社,2000.

[201] 李盼池,许少华.支持向量机在模式识别中的核函数特性分析.计算机工程与设计,2005,26(2):28-30.

[202] Steve G. Support vector machines for classification and regression. University of Southampton, Technical Report,1998,135(2):230-267.

[203] Smola A. Regression Estimation with Support Vector Learning Machines, Master's Thesis, Technische Universita Mu nchen,Germany,1996.

[204] 方瑞明.支持向量机理论及其应用分析.北京:中国电力出版社,2007.

［205］邓乃扬,田英杰. 支持向量机——理论、算法与拓展. 北京:科学出版社,2009.

［206］Zhao D F,Wang M Zhang J S. A Support Vector Machine Approach for Short-term Load Forecasting. Proceedings of the CSEE,2002,22(4):26-30.

［207］Vapink V. 统计学习理论的本质. 张学工译. 北京:清华大学出版社,2000.

［208］苏高利,邓芳萍. 关于支持向量回归机的模型选择. 科技通报,2006,3:154-158.

［209］Chang C C,Lin C J. LIBSVM:a library for support vector machines. doi:10. 1145/1961189. 1961199.

［210］王忠. 矿井底板岩层阻水性能的研究. 青岛:山东科技大学硕士学位论文,2003.

［211］施龙青,韩进. 底板突水机理及预测预报. 徐州:中国矿业大学出版社,2004.

［212］李子林. 大采深条件徐、奥灰突水机理及防治技术研究. 青岛:山东科技大学博士学位论文,2007.